野生動物問題

WILDLIFE ISSUES

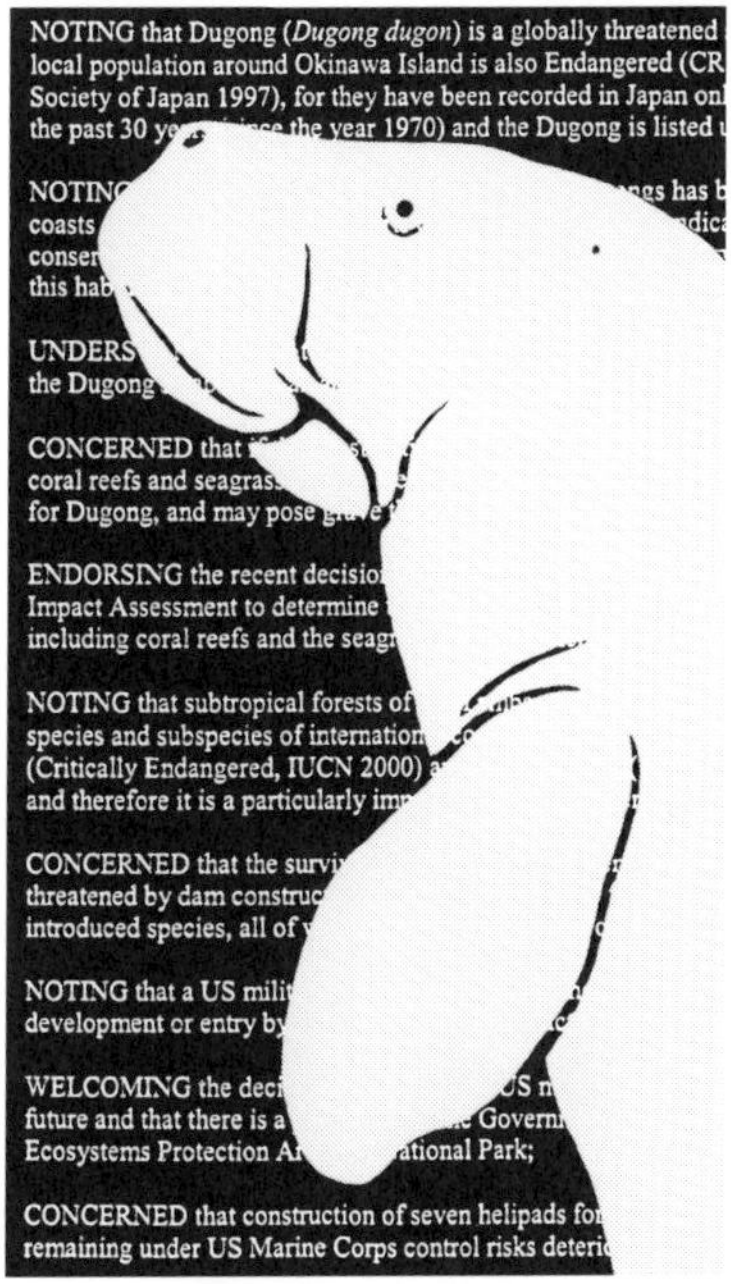

羽山伸一 著

地人書館

野生動物問題　目次

はじめに

現代の日本人と野生動物の関係は、かつて先人が経験したことのないものになってしまった。

有史以来、明治の初頭までにこの国では野生動物を絶滅させてこなかった。これは現代の工業先進諸国のなかでは稀有なことである。しかし、それ以後、現在までに一八種以上の野生動物を絶滅させてしまった。島国であるわが国には、他国には生息しない固有の種や遺伝子集団が多い。わが国での絶滅は地球規模での絶滅に等しく、絶滅させた責任は重大である。

そのうえ、レッドリストと呼ばれる野生生物の絶滅種やその予備軍である絶滅危惧種のリストには、わが国に生息する陸棲哺乳類の約四割にあたる七六種が、また鳥類では約二割にあたる一三五種が登録されているのだ。

高度経済成長以降、都市住民の人口が過半数を超えた。今やこの国では、大半の人が都市で生まれ、そして老いてゆく。その結果、失われた自然を求めて、多くの人が野生動物の姿を追いに野外へ出かけるようになった。バードウオッチングやエコツーズムといった言葉は、すでに定着したと言ってよいだろう。最近ではイルカと泳ぐことまでが流行っている。野生動物に「野性」だけではなく、癒しを求める人も増えているようだ。

一方、野生動物に対する苦情や被害の報告が近年に急増していることも事実である。山村ではイノシシやサルなどに畑が襲われ、収穫が皆無のところさえある。土地の古老が、こんなことはこれまでなかったと嘆く。かたや都市でもカラスやドバトが溢れ出し、ゴミをあさり、「糞害」という言葉まで生まれた。今ではゴミの夜間収集を始める自治体も出てきた。

このように、野生動物と私たち人間とのあいだに、多様で新たな関係が急速に生まれ、しかも、その関係の多くは問題をはらんでいる。私は、こうした野生動物と人間との関係性にある問題を「野生動物問題」と名付けた。これは、地球環境と人間の関係性にある問題を「地球環境問題」と呼ぶのと同じことである。

野生動物問題の多くはすでに社会問題化している。そして、おそらく今後もさらに大きな問題となってゆくことだろう。それは、私たちにとっても野生動物たちにとっても、こうした関係が未曾有のものだからなのかもしれない。未来に向けてこの狭い国土で彼らと共に生きるのであれば、新たにより良い関係をつくることが求められる。

しかし、その良い関係自体が未知のものである以上、野生動物問題を解決するための正解がすぐに見つかるとは限らない。むしろ、これから多くの試行錯誤と事例研究の蓄積が必要となるだろう。本書は、そのための試行的作業として企画された。

本書の各章では、まず多くの方に野生動物問題の存在とその社会的課題としての重要性を知っていただくために、最近話題となったニュースなどを事例に取り上げて、そこに含まれる野生動物問題を抽出することから始める。その上で、抽出された個別の野生動物問題に対して、社会や研究者などがとった対応を検証しつつ、問題の理解や解決に必要な基礎知識を示すように努めた。

そして、それぞれの野生動物問題の構造を分析して、問題の解決には何が必要なのかを私の意見として書いた。もちろん、これはあくまでも一つの考え方を示したにすぎない。本書で私が明らかにしたいのは、野生動物問題をどのように解決するのが正しいのかということよりは、むしろ野生動物問題というものが野生動物自身の問題ではなく、人間社会のありようの問題であるということである。

本書によって、野生動物問題とは、特定の地域や一部の関係者だけがかかわるべき問題ではなく、環境問題の重要なテーマの一つであり、また、社会全体が解決を目指して取り組むべき政策課題であることが理解されれば幸いである。

なお、本書の執筆中に中央省庁の再編があり、本文中で取り上げた話題にかかわる省庁の名称が大きく変わってしまったが、本書ではとくに問題が生じない限り、当時の名称のまま使用することとした。

第１章　放浪動物問題

江戸図屏風の一部分（国立歴史民俗博物館所蔵）

現在の東京都板橋区周辺が描かれている．

1　私たちは自然をどうとらえているか

■――都心にサル現る

出張先への途中、立ち寄ったガソリンスタンドで店内のテレビに目が吸い寄せられた。街中をサルが走り回り、それを大勢の報道陣と警官が追いかけているのだ。一九九九年六月一六日のことである。

なにが起こっているのか、にわかには信じられなかったが、東京都心の麻布界隈にサルが現れたのだという。六十人からの警官が出動して追い回すものの、サルは捕まるどころか各国の大使館などに逃げ込んでいるらしい。

報道によると、野生の群れがいる八王子市周辺でも数日前から目撃されており、どうも野生のニホンザルの一頭が都心に迷い込んだらしいという（図1―1）。もっとも、ニホンザルは群れで暮らす動物だが、オスは四歳くらいになると群れから離れてハナレザルと呼ばれ、放浪生活をするのが普通である。過去にも同じように都心に向かってハナレザルが移動したことは何度か知られているので、特に珍しくもない。今回は場所が場所だけに大騒ぎになってしまったようだが、テレビに映るサルよりも、私はむしろサルを追い掛け回しているマスコミや警官の異様さに驚き、ただ呆然と

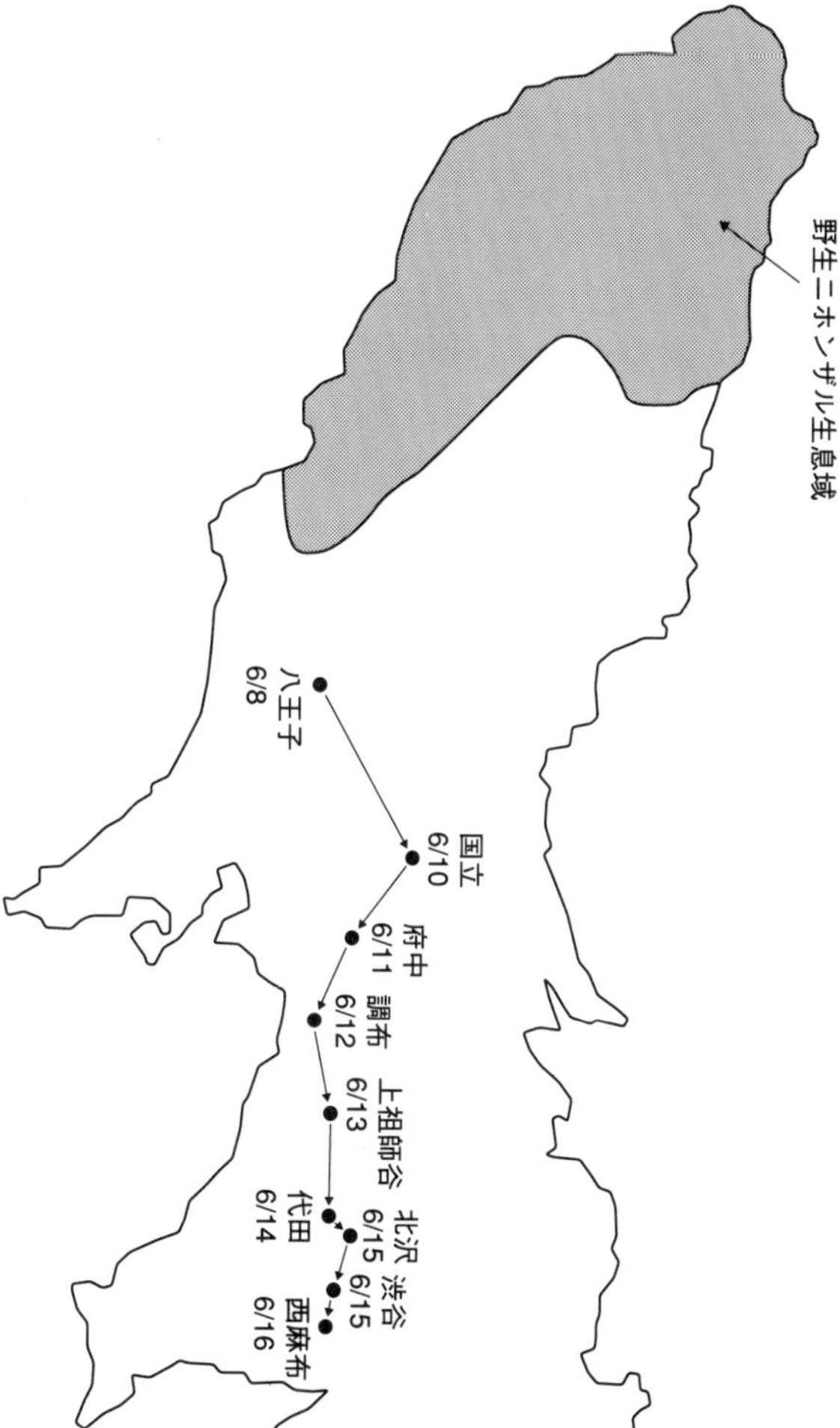

図1－1　都心に現れたサルの移動ルート図

テレビの前で立ち尽くしてしまった。

ところが翌日もサルは捕まらないらしく、私のところへもワイドショーからの出演依頼が次々に舞い込む始末だった。「サルが何の目的で山から都心へ降りてきたのかを、生物学的に解説してほしい」などと言う。私は東京都の「獣害対策協議会サル部会」なるものの委員を拝命している関係上、知らん顔はできないが、所用を理由にお断りした。しかし、せっかくなので「どうして麻布にサルがいてはダメなんですか?」とテレビ局の方に質問してみたが、たいてい「はあ…?」と絶句された。

その後もサルは捕まらず、連日マスコミが高級住宅地に大挙して追い掛け回し、スター並みの扱いになってきた。「サル取り名人」と称する人があの手この手で捕まえようとするが、一向に埒《らち》が明かない。ついには睡眠薬まで盛る段となって、さすがに各方面から非難が続出した。

「マスコミにプライバシーを侵害された」「明らかに鳥獣保護法違反だ」「去る(サル)ものは追うな」「早く山へ帰してやって」などなど。朝日新聞「天声人語」(六月二七日付)では、各地でサルが出没していることを報じ、困ったことだと言いつつ、サルも「人間動物園」の見物に来たのではなどと分析してみせた。

■――サルが都会にいてはいけないか

さて、この事件、現代の日本人と野生動物の関係を考える上で、ずいぶんと興味深い素材を提供してくれた。

まず、私がこだわりたいのは前述の疑問だ。どうして野生のサルが都会にいてはならないのだろうか。今回の事件では、地域住民からの苦情が出ていないのに警察が捕獲の方針を出したようであるし、さらにそれを疑問視するマスコミもなかった。つまり、少なくとも東京都心では「サルは都会にいてはならない」というのが「常識」になっているのかもしれない。

しかし、例えばシカで有名な奈良公園の場合を考えてみてほしい。あそこには数百頭の野生のニホンジカが千二百年間にわたって生息してきた。東京でいえば、日比谷公園や新宿御苑にシカがいるようなものである。奈良ではシカが住宅地に入り込むこともあれば、交通事故で死ぬこともある。にもかかわらず、警官やマスコミが追いまわしたりすることはない。

もっとも、都会にクマがいて平気な所はないかもしれない。こうしてみると、「サルが都会にいてはならない」という「常識」には、二通りの潜在的な意識が関係していそうだ。一つは「サルが都会に（あるいは、自分の近くに）いてほしくない」。二つ目は「サルは本来、山にいる動物だ（あるいは、山で暮らしたいはずだ）」である。

このうち、前者については、誰もが人間の勝手と自嘲気味に思うかもしれないが、厄介なのは後者の意識である。これが個人の意識にとどまらず、いつのまにか「科学的事実」になることがあるからだ。今回の事件でも、サルを「早く捕まえて山へ返してあげてほしい」という善意の意見が多いのは、こうした意識を正しいことと認識しているからだろう。では、サルは本来、山にいる動物なのだろうか。

■——サルは山の動物か

ここ何年か、私は各地のサルの被害に悩む山村に出かけて取材をしている。そこで八十歳くらいのお年寄りを見つけては、昔はサルとどう付き合っていたかを聞くことにしている。ところが、たいてい返ってくる答えは、「昔はサルなどいなかった、最近（十年くらい前のこともある）急に奥山から降りてきた」というものである。都会で「サルは山にいるべきだ」というように、山村では「サルは奥山にいるべきだ」と思っている。

このようなお年寄りたちの記憶は、過去のサルの分布調査からも裏付けられる。日本の野生動物としては珍しく、サルについては大正時代に全国規模の分布調査が実施されていた。この調査は、一九二三年に当時の東北帝国大学医学部の長谷部言人助教授が全国の役場などへのアンケート方式で実施したもので、過去のサルの分布を知る上で、大変貴重な資料である（注1）。調査結果を地図化すると、この時代のサルの分布はたしかに奥山に限られ、また同時に分布の連続性を失って、あたかも小さな塊を日本列島にばら撒いたかのように見える（図1—2）。

しかし、それ以前のサルも山で暮らす動物だったのだろうか。

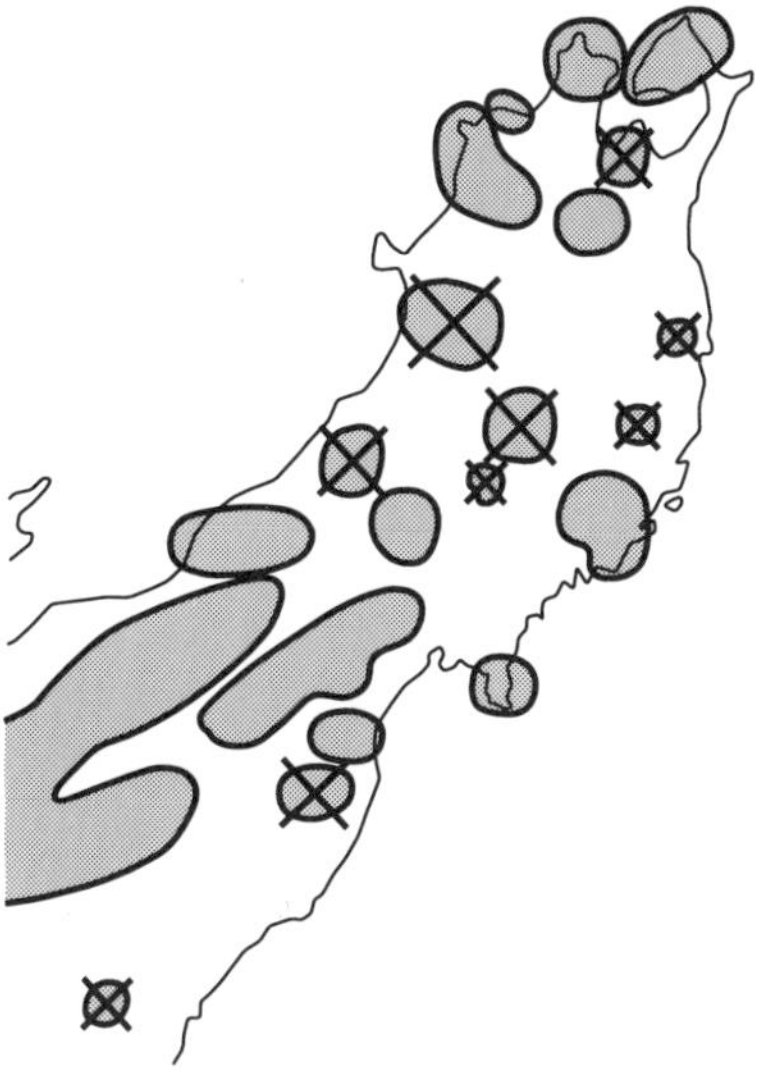

図１－２　大正時代の東北地方におけるニホンザル地域個体群の分布
長谷部（1923）をもとに天笠・伊藤（1978）が作図したものを改変．
×印は，現在絶滅している地域個体群．

前述の奈良公園にシカがいるのは、わざわざシカを山から連れてきたからではない。もともとシカは平野の生き物であり、奈良ではいにしえより、そこに暮らし続けてきただけのことである。当然、関東平野にも以前はシカが暮らしていた。有名な江戸図屏風（国立歴史民俗博物館所蔵）には、農家の横にシカの群れが草を食《は》んだりして、くつろいでいる様子が描かれている（11頁写真参照）。これは現在の東京都板橋区付近の農村風景と言われ、江戸期には二三区内にもシカが普通にいたようだ。

また、当時の有害駆除報告書といえる「鉄砲拝借文書」も、関東平野のほぼ全域からおびただしい数が見つかっ

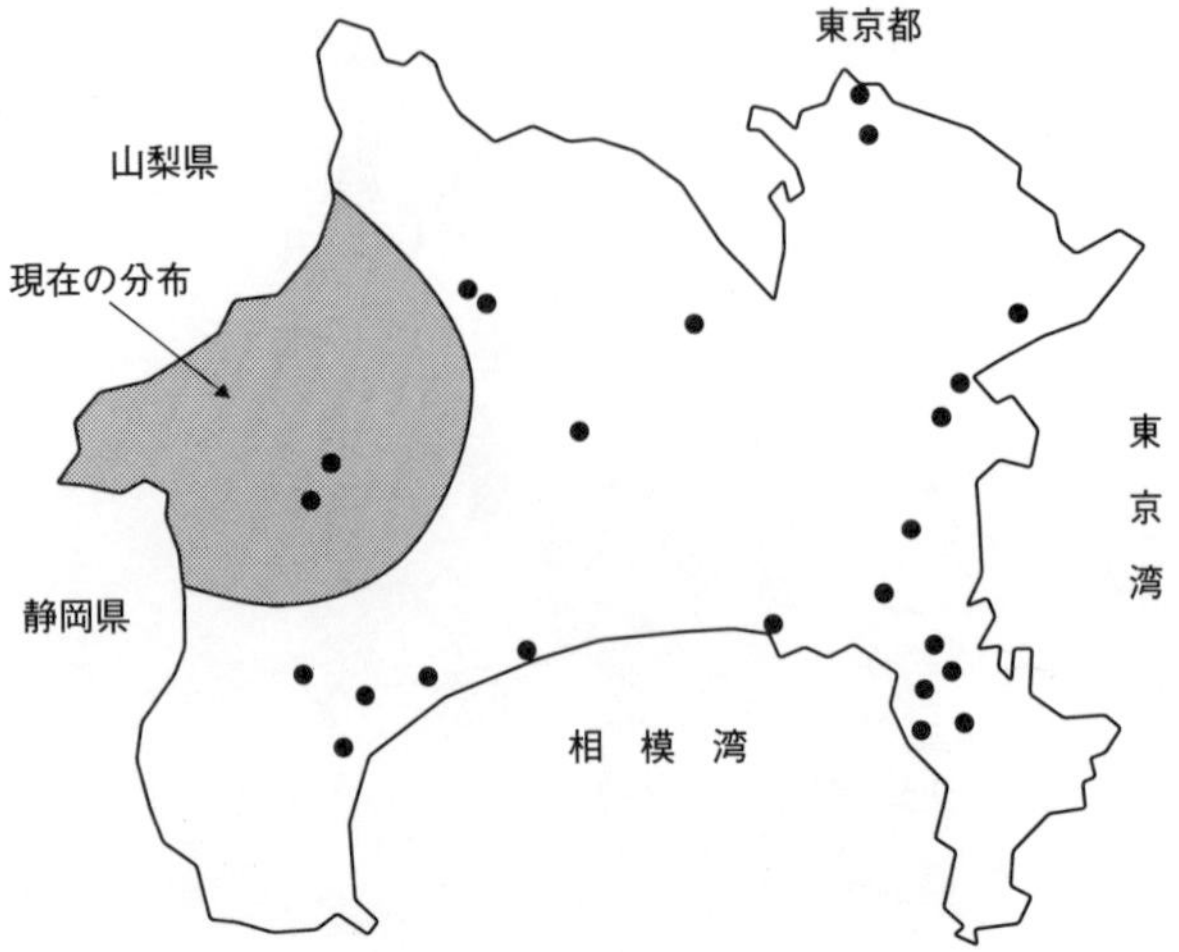

図1－3　江戸期の有害駆除申請地図（神奈川県）
現在のシカの分布（網掛け部分）と比べて，広く分布しているのがわかる．

ている。当時は鉄砲がご禁制品であるため、農民がシカやイノシシなどの農業害獣を駆除するには、代官から鉄砲や弾を借りる必要があった。そのときの申請書や結果報告書が「鉄砲拝借文書」なのである（注2）。銃や弾の取り扱いには厳しい制約があったそうで、親子兄弟でも又貸しはできず、また、自分の住所以外での捕獲は禁じられていたようだ。だから、この文書が書かれた地域に、当時シカやイノシシがいたのは確かであろう。現代では、関東地方のシカの生息地は山間部から高山帯であるが、つい一世紀前までは、平野の生き物だったのである（図1―3）。

サルもまた関東平野に平地林が広がっていた時代には、どこにでもいた動物だった。事実、東京湾に面した縄文時代の貝塚の多くからサルの骨が出土しているし、三浦半島では明治初頭にサルの生息記録がある。しかし、今そのころの様子を見ることはできない。私たちは、まず自分の見たものを信じる。「サルは山にいるべきだ」と信じてしまうのは、当然の帰結かもしれない。

■――自然に対する時間軸

明治初期（一八七一年）に来日したイギリス人のマック・ヴィーンは、当時としても世界最大規模の都市である東京に、トキをはじめとしておびただしい数の野生動物が生息していることに驚いて、本国に報告している（注3）。しかし、明治維新に始まる近代化によって、まさに箍《たが》がはずれたように野生動物の乱獲が始まった。もちろん、それまでの時代でも野生動物は目の敵にされていたわけだが、銃の自由化と村田銃という安価な銃の普及が乱獲を助長した。

サルに限らず、人間と軋轢《あつれき》を生じた多くの鳥や獣たちは、こうして明治期に平野部から絶滅し、かろうじて人の手の届かぬ奥山で生き延びてきたらしい。たまたま日本列島の大部分が急峻な山岳地帯であったことが、彼らにとっては幸運だった。現在、野生下で絶滅しているトキやコウノトリなども、この時期に乱獲されたことが絶滅への第一歩だったようだ。このような徹底した排除によって、人間の生活圏から邪魔な動物たちがいなくなり、二〇世紀は野生動物との積極的なかかわり方を考える必要がない時代であったとも言える。

私たちにとって慣れ親しんだ風景が壊されたり、たくさんいたはずの生き物の姿を見かけなくなったりした時、私たちには失ったものを取り戻したいという気持ちが芽生える。この気持ちこそが自然を守る大きな動機付けになるのだろう。私自身、高度経済成長時代以降に自然が大きく変貌させられていくのを目の当たりにして、何とかあの時代の自然を蘇らせたいと思ってきた。自然を守りたいと思う人には、自分の時間軸にそれぞれの原点を持っているはずだ。ただ、今を生きる多くの人たちにとっての原点には、サルやシカはすでに平野から姿を消していた。

このように見てくると、少なくとも日本列島の大型野生動物と人間の関係を考えるときには、時間軸のスケールを変える必要がありそうだ。今、私たちが目にしている野生動物たちの姿は、本来のものとは言えそうにないからである。これから私たちが目指そうとする彼らとのありようを描くためには、私たちの記憶にだけ頼るわけにはいかない。

■——棲み分けの思想

さて、では野生動物と人間のありようとして、どのような状態を目指すべきだろうか。少なくとも大型野生動物たちと私たち人間は、土地や資源を奪い合う関係で、だからこそ軋轢が生じてしまうのだ。同じ場所での「共存」などは幻想にすぎないのだろう。しかし、「サルは山にいなければならない」というような排除の論理では、ふたたび大型野生動物を絶滅の淵に追いやることとなる。考えうる次善の選択は、野生動物と人間の世界を分けてしまうことである。これを「棲み分け」の思想とでも呼ぼうか。棲み分けの思想は、野生動物の世界を檻《おり》に閉じ込めるものではない。この狭い国土を野生動物たちと分け合うという考え方である。

しかし、人口が一億三千万人もに膨れ上がったこの国で、棲み分けは可能だろうか。もっとも、国土の割に増えすぎた人口だが、このところの少子化で二〇〇五年をピークに減少し始めるようだ。二二世紀には半減するという試算まであり、そのころには多くの土地を野生動物たちに返すことができるだろう。しかし当面、人口が減るのを待つには時間がかかりすぎる。問題は、土地を分け合うとして、野生動物がどれほどの土地を必要としているかだろう。

ヒントになるのが、前述の長谷部の調査である。ニホンザルの分布のはなはだしい分断と孤立化は、すでに七十年以上前に起こっていたことがわかっている。宇都宮大学の小金沢正昭教授の研究によると、この時点で孤立した地域個体群の分布面積が、およそ二五〇平方キロ以下の場合、その五〇％が現在では絶滅している（注4）。

数十年という、自然の営みからしたら瞬間と言える時間ですらこのありさまである。種の存続という観点では、この面積の数倍から数十倍が必要だろう。さらに、サルより大きな体の動物たちは、より広い面積を必要とする。こうして積算して行くと、ざっと数万平方キロといった途方もない面積になるわけだが、このような面積を確保できる場所は、すでにわが国には中部山岳地帯など、一、三カ所しか残っていないのである。ではどうすればよいのか。

孤立した分布面積が小さいほど野生生物が絶滅しやすいことは、以前から生態学的経験則として知られている。そのため、一九九四年に策定されたＩＵＣＮ（国際自然保護連合）のレッドリスト評価基準でも、分布面積は重要な指標となっている。逆にいえば、野生生物を絶滅させない予防原則としては、分布を分断せず連続させること、そして孤立した個体群の分布面積を広げることが重要である。当面必要なのは、すでに孤立した個体群同士を細々とでもつなぎ合わせることだろう。

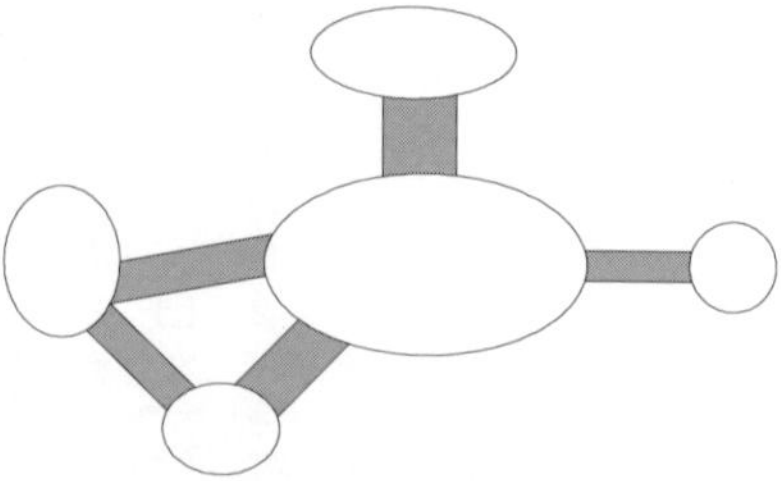

図１－４　緑の回廊（コリドー）のイメージ

■――緑の回廊（コリドー）

まとまった生息地同士をつなぐ渡り廊下のようなものをイメージしていただきたい。最近では、生息地保護区の設計に保護区を回廊（コリドー）のようにつなぎネットワーク化することが試みられている（図1―4）。わが国でも、一九九五年に発表された林野庁青森営林局による奥羽山脈縦断自然樹林帯整備構想をはじめとして、環境庁、林野庁、建設省による富士・箱根・丹沢地域緑の回廊構想（一九九六年）など、徐々に取り組まれるようになった。

一九九八年に閣議決定された第五次全国総合開発計画（五全総）で

は、「国レベルでの生態系ネットワークの形成」が初めて国土計画に盛り込まれ、開発地の再自然化を含めた生物生息空間の維持、形成と連携の確保が国策として位置付けられた。

棲み分けの思想と孤立化の防止。この一見相反するものを両立させることは、国土のデザインそのものの変更を意味する。「ヒトが山に住んで、野生動物が平野に棲む」くらいの発想の転換が必要なのだ。都心にサルが来たくらいで慌てている場合ではない。

2 「野生」に対する人間の管理責任

■──麻布のサルは野生か

一時の大騒ぎも収まり、東京・麻布に現れたニホンザルは、どうもこの周辺に落ち着く気になったようだ。ネコの友達ができたとか、近所に差し入れをする人がいて食べ物には困らないとか、ときおりマスコミネタにはなっていたが、苦情らしいものは少なく、都会にサルがいてもよいという雰囲気になってきた。

ところが、一つ厄介な問題が出てきた。このサルが本当に野生のニホンザルかどうかが疑わしくなってきたのだ。至近距離からテレビカメラが捕らえた映像をよくよく見ると、このサルは間違いなくメスだったのである。

これまでに何頭かのニホンザルが、野生の群れが生息する多摩地域から都心へ向かったことが知られている。しかし、確認されている範囲では、このサルたちはすべてオスであった。オスはもともと遺伝的にプログラムされたニホンザルの生態に基いて、生まれた群れから出て新たな群れを求めてさまようのである。むしろ、一人さまようのは自然の摂理といえる。しかし、一方でメスは基本的に生涯、自分の生まれた群れを出ることがないと考えられている。

では、なぜメスのニホンザルが一頭で都心へ向かったのだろうか。もっとも絶対にそんなことが自然ではありえないと断言することも難しい。例えば、犬などの外敵にニホンザルの群れが襲われ、攪乱された後にコドモが迷子になることは少なからずある。ただ、麻布のサルは外見的には若いが、コドモとは言えない。しかし、パニック状態になった群れからはぐれることは、オトナでさえ皆無とは言い切れない。つまり、考えうる第一のシナリオは、野生の群れからはぐれたメスザルが放浪の末、都心にたどり着いたというものである。第一発見場所である八王子市には野生の群れが生息しているし、可能性は十分にある。

■——ペット逃亡説

しかし、それにしてもあのサルは人に慣れている様子で、飼われていたのではないかという意見も出てきた。第二のシナリオがペット逃亡説である。いや、むしろ逃亡したというよりは、飼いきれなくなって捨てられた可能性のほうが高いかもしれない。

ニホンザルをはじめ、アカゲザルやタイワンザル、カニクイザルなどのサルたちは、ペットショップでよく売られている。どのサルもアカンボウのうちは体重が数百グラムで、とてもかわいい。しかし、三〜四年もたつと腕力では人間より勝ることさえあり、本気で嚙《か》まれれば大怪我をすることになる。実際、動物の臨床の現場では、こうしたサルの歯を切除する手術を依頼されることが少なからずある。しかし、おそらく多くの飼い主は、手に余った挙句、遺棄《いき》してしまっていることが多いのではないだろうか。これらのサルたちは、ほとんどがアジア原産で、生息環境の近い日本の自然界では、生き延びる可能性が高い。現実に、日本各地でこうしたサルたちの野生化が確認されている。

■——野生ザル遺棄説

さて、では人になれなれしいからといって、飼われていた動物と断定できるだろうか。野生状態でも人間と接する頻度が高い場合には、人馴れが進むケースはたくさんある。観光道路などで餌がもらえることを覚えたサルたちは、車に勝手に入り込むようになるし、人間の持ち物をひったくることさえある。また、高齢化や過疎で畑などからサルを追い払えなくなった山村では、サルの人馴れが急速に進み、家に帰ったらサルが冷蔵庫のものや仏壇のお供えを食べていたなど、冗談のような話が現実のものとなっている。

こうした地域では、有害駆除という制度を使って、サルを捕獲するのが常となっている。地域的には絶滅危惧種と言われるニホンザルだが、実に年間一万頭近い個体が捕獲されているのである。しかし、シカなどの狩猟獣と違い、サルを積極的に捕獲するハンターは少ない。サルを殺すとたたりがあると忌避する地域もあるし、サルが人に似ているので撃ちたくないと嫌がるハンターも多い。そもそもハンターが高齢化して、弾が当たらなくなっていることもあるという。いずれにしても、サルを餌で檻におびき入れて捕獲するケースが増えている。

当然、サルは檻の中で生きているわけで、その処分が問題となる。殺生をすき好んでやる人はいない。被害者の立場からすれば、要は、サルが目の前から消えてくれさえすれば目的は達成するのだが、奥山へ放したところで、すぐ里へ帰ってきてしまう。結局、行き着く先はよその土地である。実際、私の知っているある県では、捕獲したサルを隣の県に捨てている。そのうちの一頭とみられるメスザルが住宅街に迷い込み、飼い犬と仲良くなってワイドショーネタになったことがあった。犬の飼い主が困って警察に通報したのだが、警官がサルを捕獲しようとすると犬がサルをかくまってしまうので、手が出せなかったという。

こうして考えてくると、第三のシナリオとして、野生ザル遺棄説が浮かび上がってくる。

■——なぜ由来が問題なのか

麻布のサルの由来を探ることは、多くの人にとっては好奇心を満たすだけのものだが、東京都庁ではこれが重大な問題となったようだ。実は、その由来によっては、担当する部局が異なるからなのである。もし彼女（メスザルなので）を捕獲すべき事態になった場合、誰がそれを実行するのか、といったことが表面化してしまうのだ。

多くの都民は、こうしたケースでは動物園の職員が駆けつけるものだと思っているかもしれない。たしかに東京都には世界に誇る恩賜上野動物園もあり、有名な矢ガモ事件の際には動物園職員が活躍する姿をメディアは伝えた。しかし、これは例外的なようで、行政的には動物園は都市公園として建設局が所管する施設であり、野生の動物を追いかけるのは業務ではないのだ。

いくつかの県では、傷ついたり、みなしごになった野生動物が見つかると、「鳥獣保護センター」と呼ばれる施設で収容して、治療や飼育をしてくれるが、残念ながら東京都にはこうした公的施設はない。東京都の場合、野生動物行政は労働経済局（現・環境局自然環境部）林務課鳥獣保護係で所管しているが、ここの職員で野生動物の捕獲のプロはいない。しかも、もし彼女がペット由来であったら、鳥獣保護係では対応できないのである。

この事件の当初は、警察が出動していたが、あくまでも住民の生活や生命財産を守る以外の目的で野生動物を捕獲することはできない。もっとも、捕獲した場合は取得物として扱わなければならないので、建前上は、所有者が現れないと六カ月間は警察署で動物を飼育しなければならなくなる。実際、近年のペットブームでこうしたケースは増えているが、動物の世話をしなければならない警察官の方々には、敬意と同情を表したい。

そういえば、野良犬や野良猫は保健所が引き取ってくれる。捕獲の専門家もいるし、治療室も完備した立派な収容施設もある。実は、こうしたサービスというのは「動物の愛護及び管理に関する法律（一九九九年改正、以下動物愛護法）」で、都道府県や政令指定都市は犬や猫を引き取る義務がある、と定めているためだ。しかし、この法律でいう動物とは、基本的に人の占有下にある動物のみが対象なので、野生動物は相手にされない。

ただし、野生動物といえども飼い主がいた場合には別である。特に、ニホンザルの場合は、東京都の条例で「特定動物」に指定されているので、決められた飼育施設の基準をクリアして知事の許可を得なければ飼うことができない。さらに条例では、こうした特定動物が逃げ出した際の緊急措置として、知事は職員に捕獲をさせられると定めている。ただし、これは飼い主からの通報があった場合に限られる。だから、仮に彼女がペット由来で逃げ出したのだとしても、飼い主が名乗り出なければ、動物愛護法によって捕獲されることはないのである。

しかし、動物愛護法をよく読むと、道路や公園など公共の場所で傷ついた犬、猫等の動物の発見者は都道府県に通報する努力義務があり、また通報を受けた都道府県は、その動物を収容する義務があると定めている。だから、もし彼女が公園などで怪我をしていたら、発見者は東京都に通報する必要があり、東京都で所轄する衛生局獣医衛生課は担当職員を派遣しなければならないことになる。

もっとも、法律にはよくあることだが、「等」という規定は行政では狭く解釈される。東京都では対応する条例（いわゆるペット条例）で、この「等」を「いえうさぎ、にわとり及びあひる」に限定している。しかし、こうした限定は、立法の趣旨に反するものであり、あまりほめられたものではない。中央省庁の再編で環境省が設置された二〇〇一年から、この動物愛護法は自然保護行政に組み込まれた。将来的には、野生動物にも対応せざるを得なくなるだろう。しかし、現時点では相手にしてもらえそうにない。

こうして見てきたように、私たちが野生動物とひとくくりにしているものは、実は行政的にはいくつものカテゴリーに分けられている（表1—1）。正真正銘の野生の動物、放浪しているが飼い主のいる野生動物、飼い主から捨てられた野生動物、よそから人間に連れてこられた野生動物、などである。たとえ、その野生動物が同じ個体といえども、ひとたび人間社会の中に入れば、その経歴がものをいう。しかし、実際のケースでこれらを正確に判断できるケースは多くはない。むしろ、行政はこうした「放浪野生動物」に対応する窓口を一本化すべきだろう。実際、東京都では当初こ

表 1－1 「野生動物」の種類と関連法

	在来野生動物				野生化動物			飼育下野生動物	
野生動物関連法	絶滅危惧種	狩猟対象種	水産動物種	その他の種	在来種	移入種	家畜種	在来種	移入種
鳥獣保護法（一部の種を除く）	○	○	○	○	○	○	○		
種の保存法（指定種のみ）	○				○	○		○	○
文化財保護法（指定種のみ）	○		○	○	○	○		○	○
動物愛護法（公共の場で傷ついていた場合等）	○	○	○	○	○	○	○	○	○
動物愛護法（人の占有下にある場合）	○	○	○	○	○	○	○	○	○
動物愛護法（登録の義務づけ，特定動物指定種のみ．ただし，自治体によって動物実験施設等での飼育個体は条例で除外）								○	○
感染症予防法（指定種のみ）				○	○	○		○	○
狂犬病予防法（指定種のみ）		○			○	○	○	○	○
家畜伝染病予防法（指定種のみ）		○			○	○	○	○	○

うした担当部局をめぐってタライ回しがあったようだ。しかしその後、世論の関心が高く、一応、野生由来の動物として対応することに落ち着いた。

■——DNA鑑定

彼女に対する人間社会の側の対応が決まったとしても、結局のところ彼女の由来に人間の影響がかかわっていることはまず間違いない。実を言うと、私はテレビで彼女を一目見たときに、東京のサルとは顔が違うと直観した。研究者として不謹慎な言い方かもしれないが、彼女には東京のサルに見られないかわいらしさがあった。だから、東京の野生ザルが都心に向かったというのは信じがたかったのだ。そんなこともあって、私も所属している研究者団体「南関東ニホンザル調査・連絡会」では、もし彼女が捕獲された場合にはDNA鑑定をやらせて欲しいと、東京都に申し出ていた。

メンバーの一人である京都大学霊長類研究所の川本 芳 助教授は、長年にわたって野生ニホンザルの遺伝学的な地域変異を研究している。最近では、ミトコンドリアDNAを遺伝標識に使って、地域個体群の識別や歴史的な関係、さらには個体群同士の遺伝子の交流などを明らかにしている。だから、彼女の遺伝子を調べれば、その出身地が特定できるかもしれないのだ。

でも、どうしてミトコンドリアDNAでサルの出身地がわかるのだろうか。それには少しこの遺伝子の説明が必要だ。

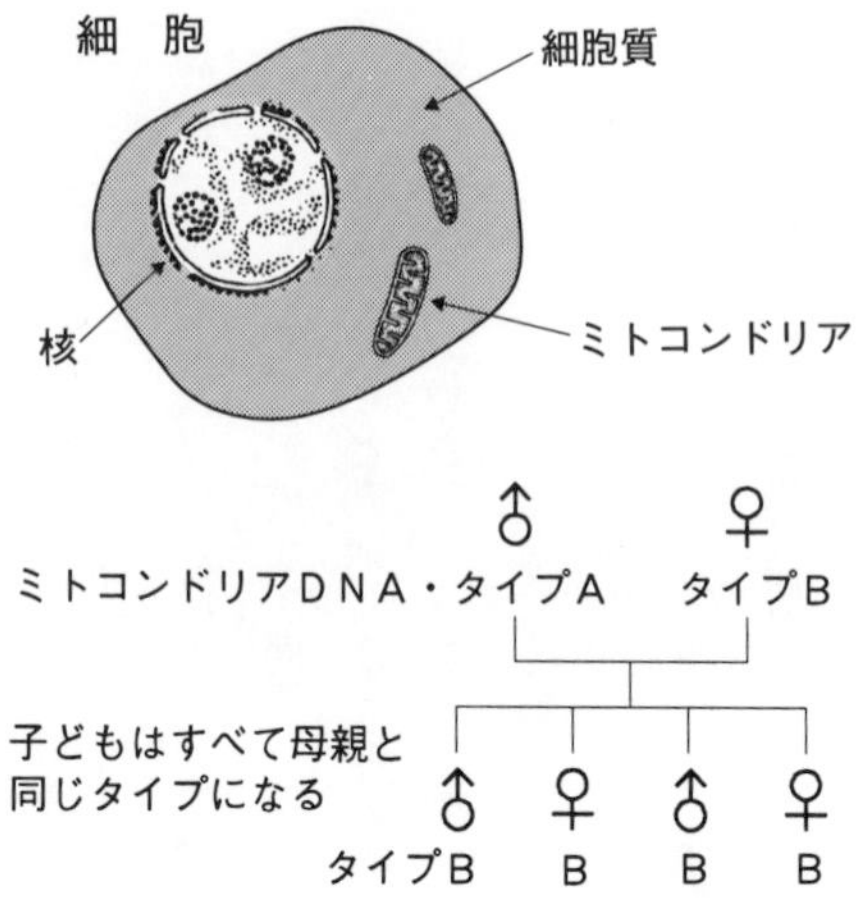

図1－5　ミトコンドリアDNA概念図

ミトコンドリアとは、生物の細胞質にある酸素呼吸を行う器官のことである。ところが、このミトコンドリアは、まだ地球に生命が誕生して単細胞生物しかいなかったころには、独立した生物であったと考えられている。それが約二十億年前、大気中の酸素濃度が急増し始めた際に、嫌気性の単細胞生物に寄生するようになり、共生関係が生まれたというのだ。もともと独立した生命体であるミトコンドリアは、当然、固有の遺伝子をもっている。それがミトコンドリアDNAなのだ。

　このミトコンドリアDNAは、宿主である動物のDNAよりも早い速度で突然変異を起こすことがわかっている。動物の近縁関係を知るには、変異性が高い遺伝標識が有効で、そのためミトコンドリアDNAの研究が進んでいるわけだ。さらに、面白い特徴は、これが母系遺伝しかしないという点だ。

　有性生殖をする動物では、親の精子と卵子が受精す

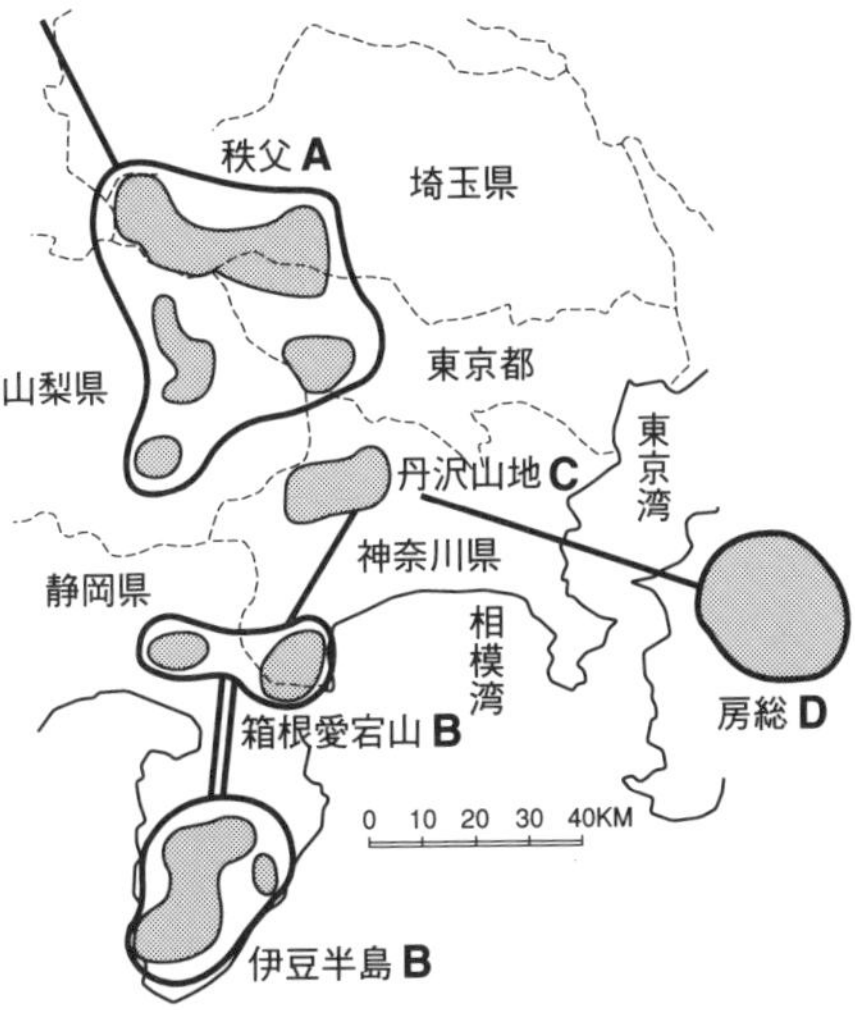

図1－6　南関東地方におけるニホンザル地域個体群（注5）
アルファベットはミトコンドリアDNAのタイプ

ることで子どもが生まれる。その際、それぞれの親の遺伝情報は、子どもに半分ずつ伝えられる。ところが、ミトコンドリアは、精子細胞が精子に変態するときに捨てられてしまうので、子どもには母親のミトコンドリアだけが伝わるのである（図1―5）。ニホンザルのように、母系社会を形成する動物では、一つの群れに属するメスたちは血縁関係にあると考えられ、基本的に同じミトコンドリアDNAを持っているとされる。当然、その群れで生まれた子どもは、雌雄にかかわらず、同じミトコンドリアDNAを受け継いでいるはずだ。

また、ニホンザルの群れは分裂する。当然、起源が同じ群れ同士なら同じミトコンドリアDNAを持っているに違いない。ただ、その分裂が数千年も前だとしたら、お互いの遺伝子は突然変異を起こしている。だから、その変化の割合から、群れが生まれた歴史もわかるのである。こうした特性を利用して出身地を割り出そうというのだ。

これまでの研究で、東京都に分布するサルの地域個体群は固有の遺伝子配列を持っていて、隣接する埼玉県や神奈川県の個体群とは識別が可能である（図1―6）。私たちは少なくとも彼女が東京のサルかどうかを明らかにしたかったので、十分な結果が得られると確信していた。

結局、一九九九年八月一四日、彼女は捕獲され、上野動物園へ収容された。さっそく、採血した血液を霊長類研究所へ送り、DNAの分析をお願いした。

■――出身は南アルプス

DNA鑑定の結果は、予想外のものだった。彼女は、東京から百キロ以上も離れた南アルプスの遺伝子を持っていたのだ。これまで、これほどの距離を移動した野生ニホンザルは知られていない。ましてメスであればなおさらである。やはり彼女が何者かによって南アルプスから東京に運ばれてきたことは間違いないようだ。

もちろん、その詳細はDNAからは知り得ない。言えることは、彼女の出身が南アルプスの個体群であるということと、東京に来る過程に人間が介在しているということだけである。ただし、そこから二つの人間の罪が浮かび上がってくる。一つは、もし彼女が飼育されていた動物なら、それを遺棄した罪。これは実際に法に触れる行為である。そしてもう一つは、自然界に存在する遺伝子の秩序を撹乱した罪。こちらは今のところ残念ながら規制が何もない。

もっとも、このような遺伝子の撹乱に対する問題意識はなかなか理解されないかもしれない。このところ、海外などから持ち込まれた野生生物が日本在来の野生生物に影響を与えていると報道され、「移入種問題」として知られるようになった（第6章参照）。この移入種問題とは、単に生物同士の力関係で在来種が駆逐されることだけが問題なのではなく、例えば移入種が在来種の近縁種である場合、雑種が生まれてしまうなどの影響も深刻なのだ。こうしたことが広がれば、日本固有の種が失われてしまうことにもなりかねず、これを「遺伝子汚染」と呼ぶ研究者もいるほどだ。実は、今回のように在来種であるニホンザルを移動させた場合も、同じような問題を起こしてしまうのだ。

自然界に存在する遺伝子の秩序は、長い進化の歴史が作り上げてきたものである。特に日本のような南北二千キロにおよぶ弧状列島では、地域によって多様で固有な遺伝子の変異が生まれた。こうした遺伝子の多様性を、将来にわたって保全してゆく責務がわれわれ人間にはある。ここでいう保全とは、進化に介入しないことである。だから、人間の勝手で野生生物を移動させることは、厳に慎むべきなのである。

図１－７　民間動物園へ引き取られた「麻美」（写真提供：白井啓氏）

■――タライ回しにされる動物たち

捕獲された彼女を野生に帰してという意見はかなりあったようだ。しかし、これまで述べたように、東京の群れに返すことは遺伝子を撹乱してしまうので止めるべきである。では、南アルプスの故郷の群れへといっても、残念ながら今の技術と知識では、生まれた群れまでは特定できない。これまでの研究から、メスの場合には自分の生まれた群れ以外の群れに入りこむことは困難といえる。では、彼女の将来はどうなるのだろうか。

一旦は上野動物園に収容された彼女だが、施設的なゆとりもなく、また他の飼育動物へ病原体を感染させる可能性もあるということで、ボランティアの獣医師のもとへ一時的に預けられた。最終的には、都内の民間動物園に引き取られることになったが、釈然としないものが残る。結局のところ、こうした飼い主のいない放浪動物は、こうしてタライ回しにされるのが常なのである。

いろいろな教訓を与えてくれた麻布のサルは、今では、「麻美（アザミ）」と名付けられ、動物園の人気者になっているようだ。その後、東京都ではさまざまな野生動物の問題に全庁的に対応するため、課長級の職員による「東京都野生動物対策連絡会」を設置した。彼女の教訓にこたえられるかどうかは、これからである。

（注1）このアンケートを分析したものに、

天笠敏文・伊藤仁子（1978）「大正時代のニホンザルの分布」、『にほんざる』、4、96―106

三戸幸久・渡辺邦夫（1999）『人とサルの社会史』、東海大学出版会がある。

（注2）図1―3は、羽山伸一（1996）「野生動物救護の意義と課題」、『野生動物救護ハンドブック』、文永堂出版による。

関東における江戸期のシカの分布については、以下の文献を参照。

小金沢正昭（1989）「『鉄砲文書』に見る江戸時代のシカ・イノシシの分布について（予報）」、『栃木県立博物館研究紀要』、6、65―80

古林賢恒（2000）「大型野生動物と森林」、『畜産の研究』、54、203―209

古林賢恒（2001）印刷中、『野生生物保護』

（注3）この当時の江戸の野生動物と人間のかかわりに言及したものに、
松田道生（1995）『江戸のバードウォッチング』、あすなろ書房
渡辺京二（1998）『逝きし世の面影』、葦書房
などがある。
（注4）小金沢正昭（1995）「地理情報システムによるニホンザル地域個体群の抽出と孤立度」、『霊長類研究』、11、59—66
（注5）川本芳（1997）「ミトコンドリアDNA変異を利用したニホンザル地域個体群の遺伝的モニタリング」、『ワイルドライフ・フォーラム』、3（1）、31—38

第2章　野生動物被害問題

シカと森林との関係を明らかにするために，麻酔銃でシカを捕獲して，
電波発信器を取り付けている様子（写真提供：中西せつ子氏）

1　シシ垣の再評価

■――宿命的な被害問題

　野生動物と人間との関係で最も厄介で根源的なのは被害問題である。その被害問題がこのところ各地で多発して、しかも深刻化している。とくに中山間地域といわれる山村では、高齢化と過疎化に、野生動物による被害が追い討ちをかけ、耕作放棄や、はなはだしい場合には離村する農家まで出てきている。

　これまでの対策で一般的なのは、銃による駆除である。わが国では野生鳥獣は、許可なく捕獲することが禁止されているが、このような被害がある場合には、有害駆除という制度で捕獲することができる。しかし、これまでその担い手だった狩猟者は、一九七〇年代のピーク時に五十万人以上いたのだが、現在では二十万人を切る勢いで減少しつづけ、高齢化も問題となっている。つまり、捕獲の許可が出ても捕る人がいないのである。

　とくにサルが対象の場合、狩猟者が殺すことを忌み嫌うので、檻《おり》を使った生け捕りが増えつつある。しかし、このサルとて処分に困り、そのまま餓死させるか、農家自身で撲殺や刺殺を行っているという地域もあり、凄惨《せいさん》な光景が日常的になりつつある。そしてこの光景は野生動物か人間の一方が絶滅するまで繰り返される。

野生動物の被害問題にかかわる歴史は、ヒトの起源にまでさかのぼることができる。狩猟採集の時代には、大型野生動物は人間にとっての獲物でもあり、人間と獲物を奪い合う競争相手でもあった。また、肉食動物の中には人間を捕食するものもいた。これは現代でも、漁業における被害問題と構造的に同じものと言えよう。

農耕が始まると、野生動物は作物や家畜を襲うようになる。これらは、人間が野生生物を集約的に栽培や飼育できるように育種改良したものであり、しかも栄養的にも優れているため、それを野生動物たちが見逃すはずはない。野生動物にとっての一日は、その大半が自らを養うための採食に費やされる。だからこれほど効率的な獲物はないのである。当然、野生動物と人間とは敵対関係となる。まさに農耕の歴史は、野生動物との闘いの歴史といってよいだろう。

近世に入って集約的な林業が始まると、ここでも野生動物は問題となる。草食動物にとって植林地というのは、人間が作ってくれた餌場のようなものである。自然のままの森林には、草食動物の餌となるようなものが、実はそれほど存在しない。多様な植物が重層的に生きる森では、光がわずかしか地上に達しないからである。しかし、人間は森をあたかも農耕地のように扱い始めた。森を一度に伐採して、一度に苗木を植え、そして、それが成長すると一度に収穫をする、というように。こうした場所では、一時的ではあるが草食動物の餌が爆発的に増加する。当然、動物の数も増え、中には苗木を食べるものも出てくるわけだ。

人間は自然を改造することで、高度な文明を築き上げてきた。こうして見てくると、野生動物の被害問題とは、自然が改造に抗するために人間文明へ突きつけた難問と思えてならない。人間が自然の中でのみ存在できる生き物であるなら、被害問題は私たちにとって宿命的なものなのかもしれない。この問題が最も厄介で根源的である理由は、ここにあるのだろう。

もっとも、悲惨な被害の現場で、このような文明論を語ったところで何も解決にはならない。しかし、一方でこうした被害問題が持つ本質を突き詰めることこそが、根本的な解決につながる唯一の道と考える。少なくともこの国では、数千年にわたる野生動物と人間との闘いがあったはずだ。しかも有史以来、近代に至るまでにただの一種類も大型野生動物を滅ぼさなかったという事実がある。そのかかわり方を私たち現代人は再評価する必要があるのではなかろうか。

■——歴史から学ぶ被害対策

先人たちは野生動物の被害問題にどう向き合っていたのだろうか。こうした研究は、実は極めて少ない。詳細なものに、文化庁記念物課の専門官・花井正光さんの論文や、財団法人日本モンキーセンター学芸員の三戸幸久さんの論文がある（注1）。

私が最も興味を引かれたのは、お二方のそれぞれの論文で紹介されている同じ絵図であった。それは、江戸期の洋風画家として著名な司馬江漢が、長崎への旅の道中日記（江漢西游日記）に描いた山村のスケッチである。このスケッチは、一八一五年ころの静岡県天竜市付近の風景とされる。かなり急傾斜の山中にあって緩斜面は開墾され、一部には大きな家も見える。開墾されたところは畑のようで、すべからく柵で囲われている。また、柵のところどころにやぐらのような小屋が立てられ、まるで現代の刑務所のようである。司馬江漢の聞き書きによると、この小屋は獣の襲来を見張るためのもので、昼はサル、夜はイノシシの番をしたという。

このような番小屋は、古今東西を問わず見られるが、わが国でも古くは万葉集に「秋田刈る仮廬を作り吾が居れば衣手寒く露ぞ置きにける」などと歌われた「仮廬」がその一種である。当時は、潅漑技術が未熟で里の集落から離れた山間に水田を築いた。収穫期には、襲来する野生動物を追い払うために「仮廬」を立てて寝ずの番をしていたのだろう。実はこれに近い光景は、一九六〇年代までの山村では、日常的な風景だったのである。

司馬江漢の絵図で注目されるのは、農地や家までもが柵で囲われていることである。同じような農業形態は、インドネシアなどの熱帯雨林でも見られるようで、森と接する環境では、人間の営みとして一般的なことであったのかもしれない。ただ、こうした山間地の小さな田畑はこれで良いとして、里山などの広い農地や集落はどうしていたのだろうか。

現在でも、関東地方以西では「シシ垣」、「シシ土手」などと呼ばれる長大な遺構が見られる。この「シシ」とは、地域によって猪、鹿、猪鹿、獅子などの字をあてている。これらの中には、数十キロにもおよぶものもあり、その造営に要した労力と資金を思うと感嘆に値する。この万里の長城

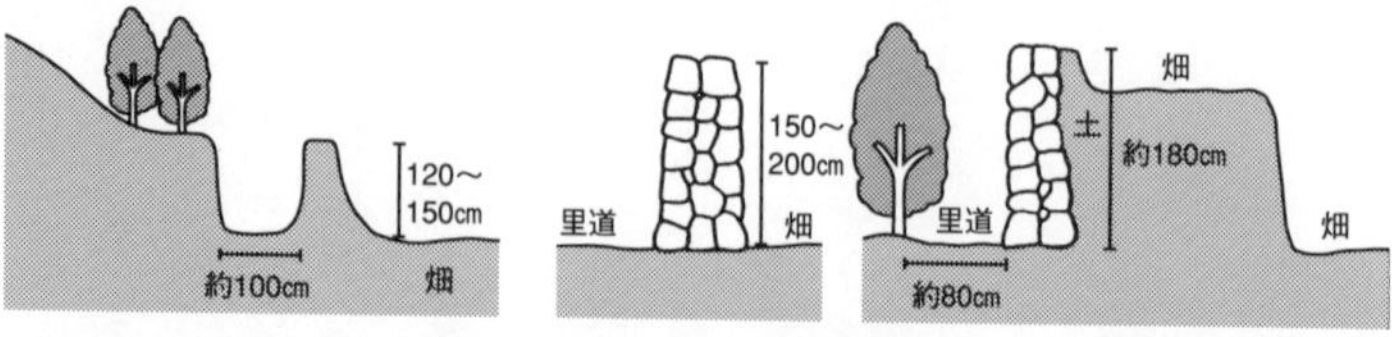

吹浦地区に見られる堀と言われるシシ垣のひとつ　　有明浦から下梶寄地区まで，この2種類の築造である

図2－1　大分県鶴見町のシシ垣模式図（鶴見町提供）

のごときシシ垣は、野生の世界と人間の世界を分ける結界のようにも思えるものである。

多くは野生の世界である山側に一メートル以上の溝を掘り、その土や石などを里側に積み上げて作られている。その上にさらに竹垣などを築くことで溝の底からは四メートル近い高さとなるものもある。たとえ跳躍力のあるシカといえども、この高さを越えることはできない。イノシシだけが生息する地域では、一・五メートルほどの高さで十分だったようだ（図2―1、2）。

さらに、シシ垣はこうした農地を守るためのものばかりではなく、植林地を守るためのものもあった。一八九八年（明治三一年）に出版された「吉野林業全書」では、「杉、桧植付け立木の獣害防止」という項を立て、その対策が記述されている。奈良県吉野地方は古くからの林業地として知られるが、この全書はその技術書にあたる（注2）。

「獣害はいずれの地もこれなきはなし。」で始まるこの項の挿絵には、植林地を囲むようにイノシシ除けの木柵が築かれている。さらに、シカやウサギによる苗木の食害がある場合には「苗木の周囲に雑木の枝葉二、三尺のものを立ててこれを覆い、かつ立木の幹を桧皮にて地上より二、三尺ばかり巻きてこれを防ぐべし。」とある。いずれの場合も気の遠くなるような労力がかけられていた。

図2－2　復元されたシシ垣（長野県塩尻市）

人が立っている側が野生動物の世界．掘った溝が土や葉で埋まっている．

■――シシ垣の今

現存するシシ垣のうち、わが国最大規模のものが香川県小豆島にある。大正期の調査によれば、全島の周囲を囲むように総延長一二〇キロにもおよぶ壮大なものであったという（図2―3）。私も一目見てみたいとの思いで、小豆島へ渡ることにした。

長年にわたり小豆島の歴史を研究されている小豆島民俗資料館の石井信雄さんにご教示いただき、いくつかのシシ垣の遺構を見ることができた。有名な池田町長崎のシシ垣は、幅二キロ長さ十キロほどの半島の付け根の部分を横断するように築かれていたもので、粘土質の土塀であった。現在では海岸近くの二百メートルほどが文化財に指定され、見ることができる。断崖にも近い、海に落ち込むような斜面にまで、これほどの壁を築くことは容易ではなかっただろう。

しかし、この小豆島でも実際にそれとわかるシシ垣は、すでにほとんどが取り壊されるなどでわからなくなっているようだ。石井さんをはじめとする地元の郷土史家の方々によって地道な探索が続けられているが、復元の目途は立っていない。

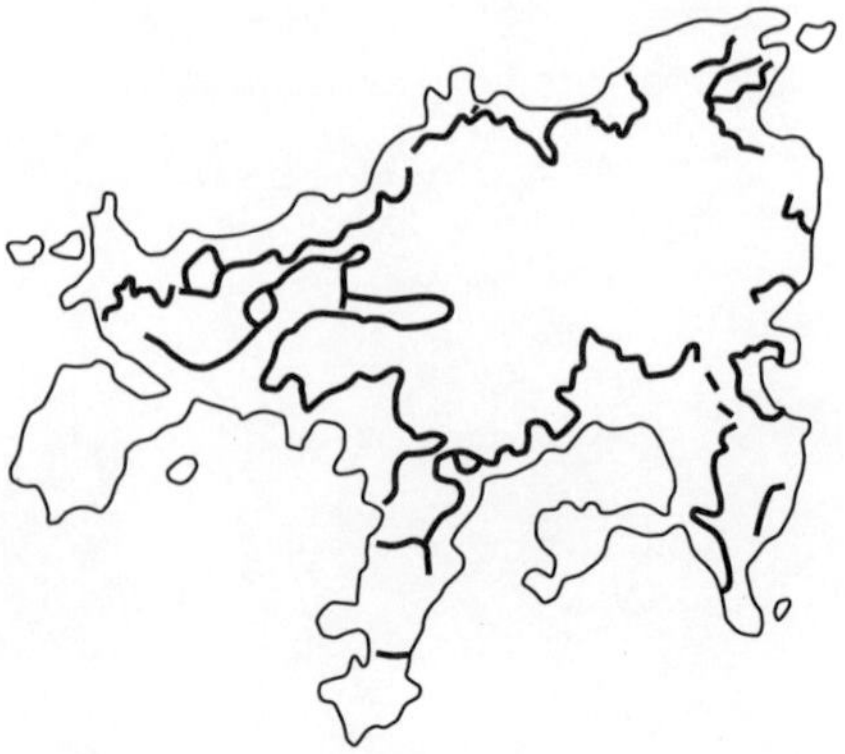

図2－3　小豆島シシ垣の位置
（香川県史跡名勝天然記念物報告）

小豆島でも最大級と言われるシシ垣を訪ねてみた。海岸からすぐに棚田となるような集落で、造営当時は棚田と森との境にシシ垣が築かれたようだ。しかし、すでに棚田の上部は植林などに変わり、地元の方でもわかりにくくなっているという。ようやく巨大な石垣を発見したが、ほとんどが照葉樹の森に飲み込まれようとしていた。おそらく十年も経たぬうちに木の根で石垣は崩れていくことだろう。

見下ろすと、田畑や集落の回りに海苔の養殖に使われる網がはりめぐらせてあった。地元の方に伺えば、シカ除けの網だという。この島ではすでにイノシシは絶滅している。明治期に流行した豚コレラがその原因だというが、確かめられたわけではない。今はシカとサルの被害が深刻だそうだ。とはいえ、この網ではシカも防ぎきれるわけもなく、困り果てた表情であった。先人の築いた巨大なシシ垣の中に今やシカが暮らし、さらにその中でシカ除けの網に囲まれて人間の営みがあった。言いようのない矛盾を感じながら、立ち尽くすばかりであった。

■——公共事業としての被害対策

今は打ち捨てられたようなシシ垣ではあるが、かつてはその造営や維持管理に莫大な労力と人手が投じられたはずだ。また、シシ垣といえども万能ではなく、村人が昼夜を通じた見まわりを行っていたようだ。「シシ番」などと呼ばれるこうした作業や、駆除を頼む猟師には、少なからぬ人件費を支払っていたらしい。先に紹介した花井さんの論文では、現在の静岡県龍山村における一七四五年（延亨二年）当時の財政記録が取り上げられているが、「猪鹿防除入用」という費目で、村の総支出の一四％以上が野生動物被害対策に充てられている。これは恒常的な支出として幕末まで続いたというから、当時としては公共投資に近かったのかもしれない。

大正大学の斎藤忠名誉教授は、一九三四年（昭和九年）に歴史学的な観点からシシ垣についての論文をまとめている。当時すでに歴史的遺産であるシシ垣の荒廃がすすむことを嘆きながら、シシ垣は「老若が共同の害を与へる敵を防禦するために、団結して築き上げた美はしい公共事業のあらは、これに外ならない。」と断じている。

このように、かつての日本では野生動物被害対策に莫大な投資を行っていた。現在でも、野生動物被害が社会問題化してからは少なからぬ公的資金が投入されているが、それにしても総額で見れば農業関連予算の〇・一%にも満たない額である。もちろん、被害対策に正確な統計がないことや、過去との単純な比較には意味がないことを承知での乱暴な議論ではあるが、それでも高齢化や過疎化が進む山村で、このようなわずかな投資でどうして被害が防げるだろうか。

こうした公的資金の投入に対しては、批判的な意見もある。被害対策というのは、本来、生産者が自助努力で行うべきもので、その努力の限度を超えるものに対して行政的な支援をすればよい、といったところが代表的なものだろう。この意見の根底には「受益者負担の原則」もありそうだ。しかし、これまで見てきたように、わが国での野生動物被害対策は、個々人による自助努力というよりは、地域共同体による公益的な作業として位置付けるほうが実態的である。シシ垣の補修費用などが村の財政から支出されていたことから、シシ垣自体が共有財産であったと考えられる。

また、現代において、こうした被害対策の受益者とは誰なのだろうか。生産者だけが受益者で、いっそうの自助努力が期待されているのなら、もっとも安上がりな駆除によって野生動物を絶滅させる手段を選択するだろう。しかし、被害が拡大しているとはいえ、多くの地域で野生動物は孤立しているのが現状で、その存続が保障されているとは言い難い。一九九五年に日本政府が決定した「生物多様性国家戦略」では、野生動物を「永く後世に伝えていくべき国民の共有財産」と宣言している。人間との軋轢《あつれき》のある野生動物といえども国民の共有財産であり、その生存を保障することの受益者は、国民全体であると言えよう。つまり、被害問題とその対策は、けっして地域問題ではなく、国家的課題なのである。

■――棲み分け思想の復権

野生動物の被害対策には莫大な労力と費用が必要であるという、当たり前のことが、現代では非常識になってしまった。しかし、わが国が野生動物被害対策に投資をしなくなったのにはわけがある。第1章で述べたように、明治期の銃の自由化などによって、大型の野生動物たちが人里近くではことごとく滅ぼされたからである。つまり、被害を防ぐ必要性自体がなくなってしまったのだ。そんな時代が百年あまりも続けば、被害対策に投資しようなど誰も思いはしないだろう。棲み分けの思想より排除の論理の方が経済的なのである。

野生動物たちにとっての二〇世紀は未曾有の受難の時代と言えようが、人間にとってみれば、まさにひとときの幸福な時代であった。ただ、もうその時代も終わりのようだ。現在各地で起こっている野生動物の被害問題は、再び闘いの歴史が始まる予兆と言えよう。もっとも、新たな世紀でも同じように排除の論理で立ち向かうという考え方もあるだろう。しかし、「環境の世紀」と期待されるその時代に、排除の論理はふさわしくない。むしろ、かつてのように棲み分けのための被害対策

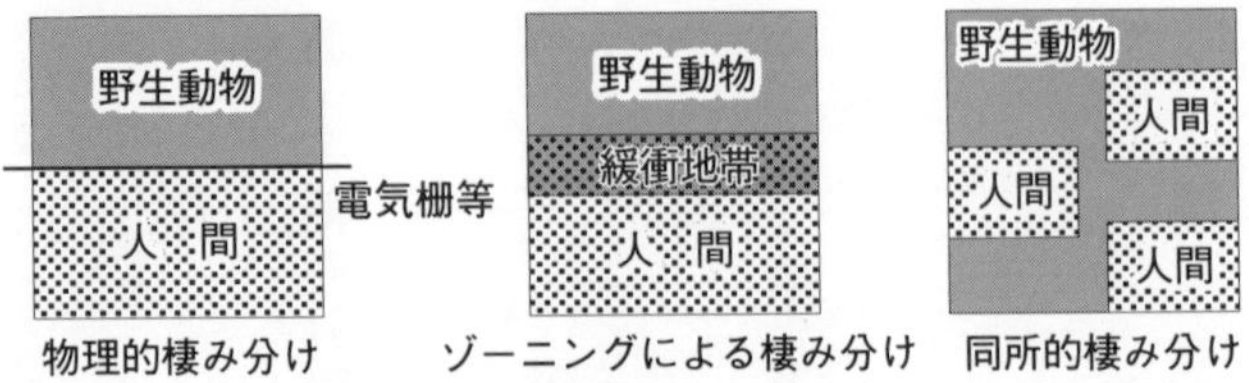

図２－４　棲み分けの３パターン

を公共事業として位置付けて、野生動物と一次産業の両立を図ることこそ、私たちがとるべき道であろう。当然、過去のようなかかわり合いを現代に求めることは無理である。新たな発想で、現代にあった棲み分けの思想を模索すべきであると考える。

ここでいう棲み分けとは、大きく三つのパターンが考えられる（図２―４）。万里の長城のように野生の世界と人間の世界を分ける「物理的棲み分け」、野生動物優先地域と人間優先地域をつくってその間に緩衝地帯を設ける「ゾーニングによる棲み分け」、同じ地域に野生動物と人間が暮らしながら人間が守るべき場所を囲い込む「同所的棲み分け」である。

物理的棲み分けとは、まさに「現代のシシ垣」を造営することである。ただし、かつてのように維持管理に重労働がともなうシシ垣を復活させるのは不可能である。こうしたものにこそ現代のハイテク技術を駆使すればよいのである。実際に、強力なフェンスや電気柵で万里の長城のような防衛ラインを築いている自治体が出てきている。なかでも日本道路公団が開発した現代のシシ垣は圧巻である（図２―５）。高速道路に大型野生動物が侵入すれば大事故にもつながるし、またサービスエリアにサルなどが入ればさまざまなトラブルが起こるだろう。この現代のシシ垣には莫大な費用がかかるが、野生

図２－５　現代のシシ垣（長野自動車道）

高さ 3.5mで，壁はポリカーボネート製.

動物と人間の双方にとって必要なものであり、また人手がかからない分、長い目で見ればそれほど不経済とは言えないだろう。

　同所的棲み分けとは、小さな物理的棲み分けとも言える。野生動物の世界と人間の世界を大きな境界線で分けられない地域では、選択せざるを得ない考え方である。地域によっては、すでにいくつもの集落や農耕地がフェンスや電気柵で囲われ始めている（図2―6、7）。これらを「人間動物園」と揶揄《やゆ》する意見もあるが、さきに述べたように、結局のところ長い歴史を通じて、これが最も確実に被害をなくせる現実的な方法なのである。

図２－６　シェルターに入った畑（東京都奥多摩町）
山が迫っている地形では電気柵が使えないので，畑を丸ごと野生動物除けのシェルターに入れてしまう．写真は骨組みが完成したところで，この後に全体をネットで覆う．

図２－７　強固な電気柵で囲われた集落（青森県脇野沢村）

■――ゾーニングの問題点

一方で、ゾーニングによる棲み分けは、こうした物理的に野生動物の行動範囲を制限するのではなく、お互いを優先する場所を決めて棲み分けようという考え方である。もっとも、ここでの優先地域とは人間が一方的に決めることになるわけであるし、人間優先地域では野生動物を積極的に排除することになるが、野生動物の世界を侵さないという発想は重要であろう。また、物理的な棲み分けでは、野生動物の生息地を構造物で分断するおそれもあり、大規模に行う場合には慎重な設計が求められる。ゾーニングであれば、動物の移動を制限するものではないため、こうした影響の心配は少ないだろう。

ただ、ゾーニングによる棲み分けは実行面でいくつか問題がある。まず、東日本では大きな山岳地帯があり、そこを野生動物の優先地域にすることで、ある程度の棲み分けは可能である。しかし、西日本では有史以来、地形的な条件から稠密《ちゅうみつ》な国土利用がなされ、野生動物の生息場所としてまとまった面積を確保することは難しい。例えば、サルの群れを山へ追い上げるなどといっても、山の向こうには別の集落があり、結局、被害の押し付け合いになりかねないのである。

また、ゾーニングでは人間が現在利用している平野や里山地域を人間優先地域としたいわけだが、多くの野生動物にも同じ欲求がある。神奈川県の箱根地域では、サルと人間が棲み分けるために、一九八九年からサルの優先地域作りが始まった。総事業費一億六千万円で五万本のサルの食餌木を植えるという計画は、破格の野生動物対策として全国から注目を集めた。箱根外輪山に設置された二三〇〇ヘクタールにおよぶサルの優先地域は、「野猿の郷」と名付けられた。この野猿の郷を十年かけて整備し、サルを山へ帰そうという壮大な計画だった。しかし、事業が開始されてから十年以上経過した現在では、サルたちは山を降り、ふもとの住宅地や農耕地を中心に遊動している。

どうしてうまく行かなかったのだろうか。問題点は二つである。第一に、サルは山の上よりもふもとの方が暮らしやすく、ましてや自然の餌よりも畑の餌のほうを好むからである。第二に、ゾーニングによる棲み分けでは、常に人間が野生動物を監視していて野生動物優先地域に封じ込めなければならないのに、その体制を取らなかったことである。

そもそも、こうしたゾーニングの基本的な考え方は、ユネスコが一九七一年から政府間共同事業として始めたMAB計画（Man and Biosphere Program）で示されたものである。本項で述べてきた野生動物優先地域は、MAB計画ではコアエリアと呼ばれ、基本的に人間の影響を受けることなく自然生態系が保存される地域と位置付けられる。そのためには、かなり広大な面積を確保する必要があり、現実問題として、わが国でこうしたゾーニングが可能な地域はそれほど多くはない。当然、人間勝手の線引きによるゾーニングだけではうまく機能するはずもないのである。

小さな島国でなおかつ急峻な山岳国という、わが国の特異的な条件から導かれる野生動物とのかかわり方は、排除の論理を持ち出さない限り、結局は物理的棲み分けに行きつくことだろう。新たな世紀はその境界線を引くことから始める必要がある。その際には、かつて先人が築いたシシ垣の掘り起こしと再評価が重要になると考える。

2 ワイルドライフマネジメント

■――鳥獣保護法改正

一九九九年六月、鳥獣保護及狩猟ニ関スル法律（以下、鳥獣保護法）の改正案が衆議院で成立した。各地で野生鳥獣による被害問題が深刻化する中で、自民党の国会議員連盟（農林漁業有害鳥獣議員連盟、会長・玉沢徳一郎衆議院議員）が捕獲の規制緩和を求めた末の改正であった（図2―8）。

この鳥獣保護法は、名前が示すように本文も含め漢字カナ混じりの古めかしい法律で、その起源は明治期に制定された「狩猟法」までさかのぼることができる。現行法は、一九一八年（大正七年）に、それまでの捕獲を禁止する種を定める法律から狩猟対象種を定める法律へと大転換して、同名の「狩猟法」として成立したものだ。

もっとも、この大転換は自然保護思想の表れというよりも、獲物である野生鳥獣が激減してしま

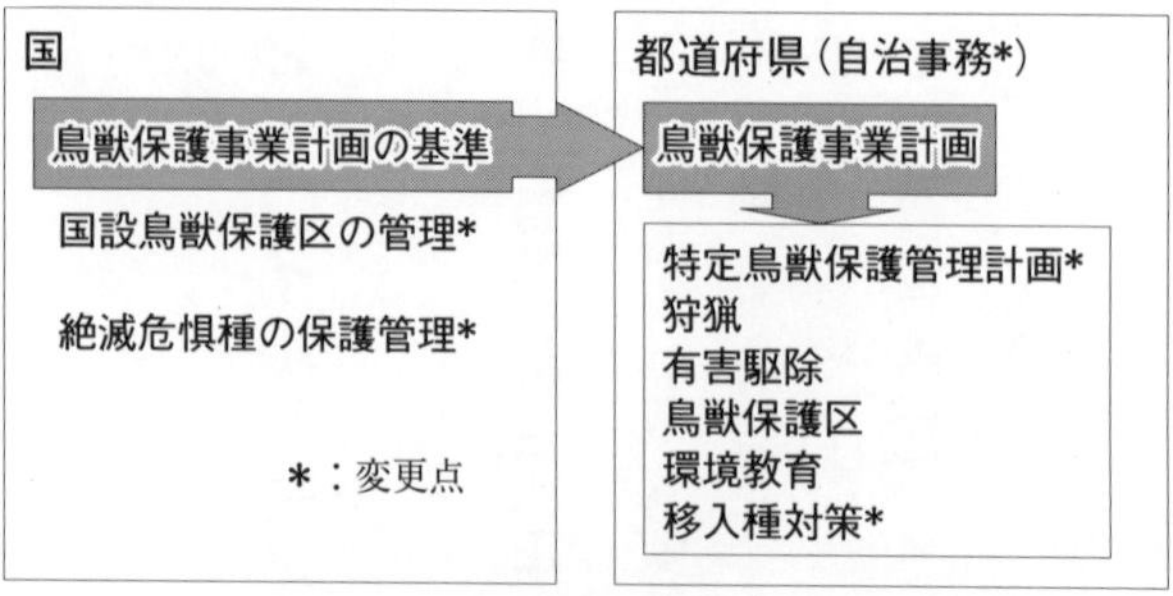

図２－８　1999年改正鳥獣保護法の仕組み

ったことが原因のようだ。その後も何度か改正があったが、鳥獣保護が謳《うた》われたのは、一九六三年に「狩猟法」から「鳥獣保護及狩猟ニ関スル法律」へ名称変更されてからである。

ただし、この法律は「鳥獣保護事業ヲ実施シ及狩猟ヲ適正化スルコトニ依リ鳥獣ノ保護蕃殖、有害鳥獣ノ駆除及危険ノ予防ヲ図リ以テ生活環境ノ改善及農林水産業ノ振興ニ資スルコトヲ目的」としている。簡単に言うと、人間とくに農林水産業にとって役に立つ野生動物は増やすが、害になるものは駆除してしまおうということである。

このことは、鳥獣保護法がわが国の野生鳥獣を専門に扱う唯一の法律であるにもかかわらず、ネズミ類、モグラ類や海棲哺乳類を法の対象外と解釈してきたことからも明らかであろう（明文化はされていない）。環境庁の担当官らによる著書「鳥獣保護制度の解説」にも、「目的に照らしてみると、本法の対象とする鳥獣は、動物中のすべての鳥獣をいうのではなく、ひごろ山野等に生息している野生の鳥獣で、生活環境の改善又は農林水産業の振興に何らかの関連をもち、狩猟の対象物としての価値又はその他何らかの利用価値をもっているものをいうことになろう。」（原文のまま）と書かれている（注4）。

法律の目的規定に掲げられた「有害鳥獣ノ駆除」とは、農林水産業や人身などに対する野生鳥獣による被害を防ぐために、動物種や狩猟期にかかわらず許可さえあれば駆除ができる制度である。実例えば、ニホンザルは狩猟対象種ではないが、有害駆除では年間一万頭近くが捕獲されている。実はこのニホンザル、一九四七年までは狩猟対象種であったのだが、絶滅のおそれがあるという理由で、GHQ（連合国軍総司令部）の勧告により狩猟対象からはずされたと言われている。当時は、漢方薬や魔除けとして商業的な価値があり、狩猟対象としての需要もあった。しかし、最近ではこうした利用はほとんどなくなり、排除するためだけに駆除されている。

こうした駆除の許可は、多くの地域で実態的には市町村の窓口で申請と同時に出されている。しかも、動物によっては、あらかじめ被害の発生が予測される地域と時期を定めて事前に許可が出せる「予察駆除」という制度もあり、事実上、無制限に駆除することさえ可能なのである。

このように、鳥獣保護法というより「鳥獣被害対策駆除法」とでも呼んだほうが実態的な法律であり、ことさらに捕獲の規制緩和を根拠に改正するほどのものではないはずである。では、なぜ今回の法改正に及んだのであろうか。

■――法改正で何が期待されたのか

先にあげた国会議員連盟は、一九九七年六月に鳥獣保護法の改正を提案している。その主な要点は以下のようにまとめられる。

① 法の目的を「保護」から「保護・管理」へ
② 有害駆除制度の改正（許可権限を地方へ、許可要件の大幅緩和、かすみ網の復活）
③ 保護区、休猟区の抜本的見直しと縮減
④ 狩猟の規制緩和

このように、ほとんどが捕獲の規制緩和にかかわるものである。ここであげられた「保護・管理」とは何を意味するのか不明であるが、のちに「自然と環境の保護・保全のための動物の管理」（自由新報一九九八年三月二四日付け）という使い方もされているし、また同紙で玉沢会長が「乱獲は認められませんが、過度な保護ではなく人と自然との共存を考えてゆくことが必要です」と語っているので、「保護・管理」とは「野生動物の数を調整すること」と理解される。この議員連盟の活動を報じた日本農業新聞では、「保護一辺倒から適切管理へ」（一九九七年七月二三日付け）という見出しを掲げているが、同様の意味に使われているのであろう。

しかし、これまで述べたように、鳥獣保護法がただの一度も「保護一辺倒」であったことはない。制度上、被害の訴えがあるのに駆除を制限することはできないのである。たしかに、被害の現場ではこうした主張が農家の方などから出されているのは事実である。むしろ問題は、駆除したところで被害が減らないことや、駆除しようにも人手も費用も出せない現実にあるはずである。

今回の国会審議にあたって、自治体から出された法改正にかかわる要望書は六件あるが、それを要約してみよう。

① 北海道知事・エゾシカ総合対策の推進について
保護管理事業に対する助成制度の充実強化、有害駆除経費に係る交付税措置の充実強化、越冬地である阿寒国立公園の森林生態系及び景観保全対策の実施、農業被害防止施設（フェンス、電気柵など）整備予算の確保、被害農家に対する救済制度の創設、など

② 宮崎県知事・野生鳥獣保護管理基礎調査支援事業の創設について
適正な個体数管理を行うためのモニタリング調査に対する支援制度の創設

③ 別府市議会・鳥獣保護法改正を求める意見書
駆除体制の見直し、駆除許可要件の規制緩和、被害農家に対する補償、など

④ 兵庫県美方町議会・有害鳥獣駆除に関する意見書
有害鳥獣駆除抑制政策の見直し、野猿に対する国県の責任において被害防止する特別の措置を講じられるような鳥獣保護法の改正

⑤ 全国町村会・全国町村長大会要望
抜本的な鳥獣被害防除対策の確立、異常繁殖の防止対策

⑥ 青森県町村会・下北半島のニホンザル・ニホンカモシカに対する国の積極的な保護管理事業の実施について
人との棲み分けを目指すため国の積極的な保護管理事業の実施

こうしてみると、確かに捕獲の規制緩和を求める意見も一部には出ているものの、むしろ被害を防止するための対策やそれにかかわる経費の支援、あるいは被害補償がおもな要望と理解される。そうであるにもかかわらず、なぜこうしたことが今回の改正の中心的な議論とならずに、野生動物の数の管理ばかりがクローズアップされてしまったのだろうか。

■──保護管理とは何か

ここで、もう一度さきほどの「保護・管理」について考えてみたい。この言葉は、以前から使う人によって「保護管理」、「保護・管理」、「保護と管理」など混乱が見られるが、このところ生物多様性国家戦略をはじめ、公的な文書では「保護管理」が定着したようだ。しかし、この「保護管理」という言葉の意味するところをにわかに理解できる人が、いったいどれほどいるだろうか。

今回の法改正のキーワードとも言うべき野生動物の保護管理であるが、その中身の共通理解がないまま国会でも議論されてしまったことは、十分承知しておいたほうがよいだろう。ただし、この

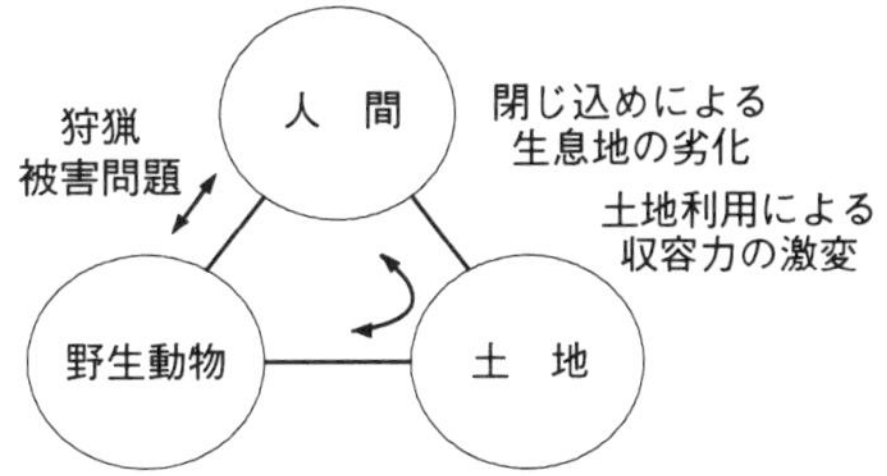

図２－９　ワイルドライフマネジメントとは何か
これら３つの関係を適正に調整すること

改正に先立つ自然環境保全審議会の答申（一九九八年一二月一四日）では、以下のような記述がある。

「……欧米において定着している、目標の明示、合意形成及び科学性をキーワードとしたワイルドライフ・マネジメントに相当する野生鳥獣の科学的・計画的な保護管理を、わが国においても推進する必要があると考えられる」。つまり、英語のワイルドライフマネジメント（wildlife management）の意訳が「野生鳥獣科学的計画的保護管理」ということになろうか。しかし、これでも国民一般から見れば意味不明の言葉にかわりはない。

そもそもワイルドライフマネジメントとは、一言で言うと野生動物、人間、土地（生息地）の関係を適切に調整することである（図２―９）。つまり、土地をめぐる野生動物と人間の関係調整であるわけだが、これを簡潔に表す単語が日本語では確かに見あたらない。

私の記憶では、少なくとも八十年代には、保護管理という言葉はバリエーションはあるにせよ、学会などで使われていた。しかし、七十年代に出版された「生態学辞典」でワイルドライフマネジメントを引いてみると「野生生物管理」と訳されている（注５）。やはり一九七二年に邦訳されたワット（K.E.F.Watt）の「Ecology and Resource Management」でも「野生動物管理」と訳されている（注6）。このことから七十年代に、だれかが「保護管理」の訳をあてたと推測される。

実は、その命名者は今のところはっきりしないのであるが、一九七二年に東京農工大学農学部自然保護学研究室が出した報告書「大山・丹沢自然公園のシカの保護管理に関する調査報告」で使われたのが最も古い記録のようだ（保護・管理はそれ以前にも使われている）。著者である丸山直樹教授に直接伺ったところ、自らの命名であるかどうかの記憶は定かではないとのことだ。ただ、当時の時代的雰囲気のなかで、「管理」という言葉は使いづらかったという。確かに、自然保護思想の興隆期にあって、自然を管理するなどけしからんという意見もあった。一方で、当時の「保護」には、手をつけない（protection）という意味合いが強かったことも事実である。結局のところ、このような社会的背景にあって、いわば妥協の産物として「保護管理」という訳が誕生したようである。

いまや「公式用語」にまでなってしまった「保護管理」であるが、一般用語としては通用しないため、混乱は続いている。今回の法改正にかかわる国会審議でも、「保護をすべき環境庁が管理とはなにごとか」などと議員から批判される一幕もあった。こうした意見は、いまだに保護と管理が対立概念として認識されていることの表れであろう。Managementの訳としての「保護管理」という四文字熟語が、一般用語として認知されるのは当分先のことのように思える。

■──なぜ捕獲規制がクローズアップされたのか

さて、話題を本筋に戻すことにしよう。審議会答申では、被害対策などさまざまな野生鳥獣の問題を解決するには、ワイルドライフマネジメントの導入が必要であると指摘された。それでは、鳥獣保護法を改正することでワイルドライフマネジメントをわが国でも導入できるのであろうか。

図2─9からも理解されるように、ワイルドライフマネジメントで重要なことはランドマネジメント（land management＝土地の管理）である。土地の取り扱い如何《いかん》で、野生動物の個体数は大きく変動するわけであるから当然である。むしろ、ランドマネジメントの一部にワイルドライフマネジメントがあるといってもよいだろう。問題は、鳥獣保護法でランドマネジメントが可能かどうかである。

鳥獣保護法でランドマネジメントにかかわる規定に、鳥獣保護区の設定がある。国や都道府県は、野生動物の生息地として重要な地域を鳥獣保護区に指定して、土地の開発規制や生息環境の改善ができることになっている。この鳥獣保護区は全国に約三千八百カ所、実に国土の八％もが指定されている。しかし、これらの保護区には実質的に開発規制のない地域が多く、事実上、強い規制がかけられているのは鳥獣保護区全体の五％にも満たない。つまり、鳥獣保護法を所管する環境庁は、野生動物の捕獲に関する権限を行使できても、事実上、ランドマネジメントを実行することがほとんどできないのである。

わが国の国土利用にかかわる計画権限を持つのは、森林や農地は農林水産省、河川や都市は建設省（現・国土交通省）となっている。とりわけ、国土の七割を占める森林がわが国の野生動物にとっては重要な生息地であるが、このランドマネジメントに環境庁は権限をほとんど持たないのである。しかも、鳥獣保護法はもともと農林水産業の振興にかかわる法律であるのに、所管は環境庁となっているため、野生動物による被害対策を誰が責任をもつのかという重大なことが、ほとんど手付かずで来てしまったのだ。

結局のところ、鳥獣保護法を所管する環境庁は、ランドマネジメントにも被害対策にも権限や予算を持っていない。だから、被害者サイドから環境庁に期待できるのは、野生動物の捕獲規制に対する緩和だけなのである。端的に言ってしまえば、環境庁はワイルドライフマネジメントをする実行能力がないのである。今回の法改正で、捕獲規制や個体数の調整が論議の重点になったのは、ここにその理由があり、同時にこれは鳥獣保護法の持つ大きな問題点でもある。

審議会からワイルドライフマネジメントの導入を答申された環境庁であるが、このように現状での実現には、越えなければというよりも越えられないハードルがいくつもある。それでも環境庁は、今回の法改正をとらえて果敢にもワイルドライフマネジメントの導入を断行した。では、どうやってやるのか。

■——創設された計画制度に仕組まれたもの

環境庁はその仕組みを、今回の法改正の目玉として創設された「特定鳥獣保護管理計画制度」(以下、特定計画制度)に仕組んだのである。この新たな制度は、都道府県知事がシカやクマなどの種を限定して(特定鳥獣という)この計画を樹立すると、鳥獣保護法で定めた捕獲規制を緩和したり強化したりできるというものだ。シカを例にあげると、これまで法律で一人の狩猟者にオスを一日一頭までしか捕獲が認められていなかった県でも、特定計画を樹立することで、メスを狩猟することや一日の捕獲上限を引き上げることも可能になる。これだけを聞くと、大幅な捕獲の規制緩和となり、被害者サイドからは歓迎されたが、自然保護サイドから反発が大きく、国会審議でも特定計画制度に非難が集中した。しかし、実際この計画を樹立するには、改正された法律や計画のガイドラインを読むとそれほど簡単には行かないことがわかってくる。

まず、この計画制度の特徴は、科学的な調査に基づくモニタリングによって、常に計画自体の見直しを行う循環型のシステムにある(図2—10)。ところが、これまでの行政手法では、こうしたことはむしろ禁じ手であった。つまり、行政の判断には過ちがないことを前提に、あらゆる事業を行ってきたはずだからだ。しかし、特定計画制度では、野生動物の個体数や生息環境の変化の予測には、もともと大きな不確実性があり、その判断は常に見直しが必要であることを前提にしている。問題は、その見直しの根拠となる科学的モニタリングを誰がやるのかということである。

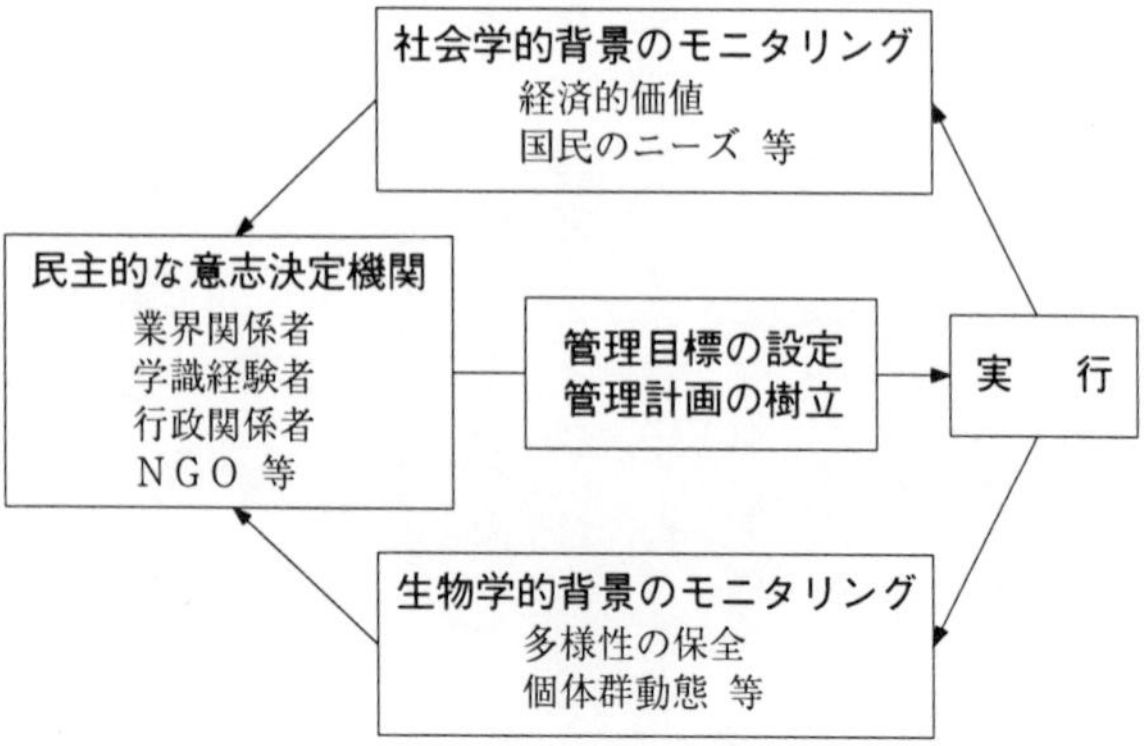

図２－10　野生動物保護管理プロセスの模式

なにしろ、この国では野生動物はもちろんのこと、野生動物の研究者も冷遇されつづけてきた。都道府県レベルで雇用されている野生動物の専門研究者は、北海道などの一部の先進自治体を除けば、一人いれば良いほうというありさまである。しかも、一人いるとは言っても、「カメムシからクマまで」を担当しているのが実情で、とても専門家とは言い難い。アメリカの州政府が五十～百人もの野生生物の専門家を擁している現状を考えると、ワイルドライフマネジメントというシステムに人材がいかに重要であるのかがわかる。科学的モニタリングこそが、このシステムの命だからである。

実は、このことだけでもわかるように、いままでの鳥獣保護法のもとでは、科学的な調査に基づいた捕獲規制というたものは基本的に存在しなかったため、専門の研究者も必要なかったのである。当然、捕獲された動物のチェックシステムもなく、すべて自己申告制であるため、実際に野生動物がどこで何頭捕獲されているのかという基本的なことさえ、まったくわからない。

また、先ほどのシカの例のように、狩猟者一人あたりの一日の捕獲頭数が決められ、一見、科学的なように見えるが、以上のような状況では狩猟者の良心に期待するしかない。それ以前に、二十万人もの狩猟者が、理屈の上では狩猟期間中（地域により異なるが、主に冬の二、三カ月間）に保護区などの規制がかかっていない場所では、毎日シカを一頭ずつ捕れることになる。計算上は、生息頭数の数十倍にあたる毎年一千万頭以上のシカが合法的に捕獲が許されているのである。この国にシカが何頭生息しているのかということは、こうした規制の基準にはまったく関係ない。総量規制をしない捕獲規制とは、無計画非科学的以外のなにものでもないのだが、それがまかり通ってきたのである。

だから、曲がりなりにも科学的調査に基づいて、総量規制による捕獲許可を特定計画制度で実現できれば、一時的に捕獲規制の緩和につながっても、これまでよりは進歩したといえるだろう。しかも、特定計画は、対象となる動物の地域個体群ごとに樹立することになっている。日本の地理的な特性として、多くの自治体の境界は山地であるが、一方、そこは同時に野生動物の棲みかとなっている。つまり、野生動物の地域個体群は複数の都府県にまたがって存在していることが普通で、特定計画制度は隣接県との協議なしにはうまく機能しないものとなっている。こうした広域調整の発想は、これまでの鳥獣保護法ではなかったもので、地域個体群の健全な維持という立場からは歓迎されることである。

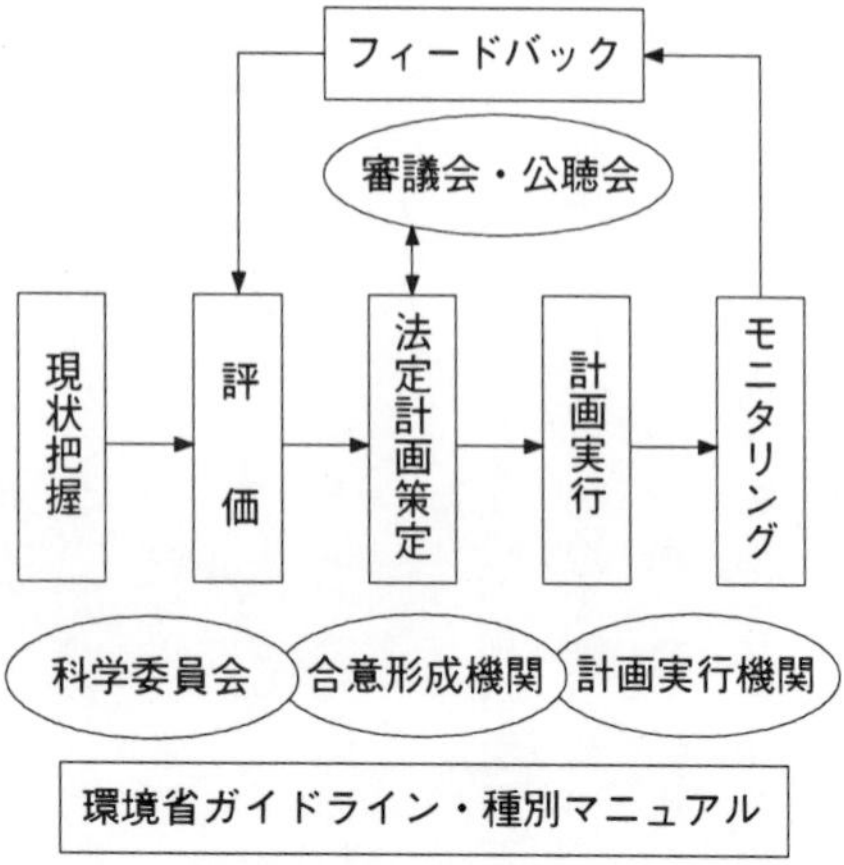

図２―11　特定鳥獣保護管理計画制度概念図

さて、ではワイルドライフマネジメントの根幹部分である土地をめぐる調整を、この特定計画制度ではどのようにやろうとしているのだろうか。まず、制度の基準では利害関係者や学識経験者、あるいは自然保護団体などの多様な立場の代表からなる合意形成機関の設置を求めている。さらに実務的な役割を担う、関係行政部局による連絡協議会（計画実行機関）の設置も求めている。こうした組織作り自体は、先進的な自治体ではすでに取り組まれてきたことであるが、今回の改正で重要なことは、ここで作られるプランを法定計画と位置付けたことと、さらにこの計画に多様な意見を反映させるために公聴会などの開催や審議会でのチェックを法律で義務付けたことにある（図2―11）。つまり、この特定計画制度というのは、これまで鳥獣行政部局や被害関係部局が個別でしかも任意にやっていたために実現できなかったことを、都道府県という枠をはめつつも、隣接県や国の行政機関をも含んだ多様

表２－１　特定鳥獣保護管理計画策定予定（平成12年11月現在）

都道府県名	対　象　種		
	策定済*	平成12年度策定予定	平成13年度以降策定予定
北海道	シカ		
岩手県	シカ		クマ
宮城県			サル，シカ，イノシシ，クマなど
秋田県			カモシカ
栃木県	シカ		サル
群馬県	シカ		サル
千葉県			シカ
東京都			サル，シカ
神奈川県			サル，シカ
富山県			サル
石川県			サル，クマ
福井県			シカなど
長野県	カモシカ		シカ，クマ，サル
岐阜県		カモシカ	サル
静岡県	カモシカ		シカ
愛知県	カモシカ		
三重県			サル，シカ，クマ
滋賀県			サル
京都府	シカ		クマ，サル
大阪府			シカ
兵庫県	シカ		クマ
奈良県	シカ		クマ
和歌山県			サル，クマ
鳥取県			イノシシ
島根県			シカ，クマ，イノシシ
岡山県	クマ		シカ
広島県			クマ
山口県			シカ，クマ
徳島県			シカ
高知県			イノシシ
福岡県		シカ	
長崎県	シカ		
熊本県	シカ		
大分県	シカ		イノシシ
宮崎県	シカ		
鹿児島県	シカ		

＊：平成12年11月14日環境庁調べ
シ　　カ：策定済 12，策定予定 14
カモシカ：策定済　3，策定予定　2
ク　　マ：策定済　1，策定予定 12
サ　　ル：策定済　0，策定予定 13
イノシシ：策定済　0，策定予定　5

な主体を巻き込める組織作りによって、法定計画に基づきそれぞれの主体に責任を持たせてしまおうという大胆な仕組みなのである。こうすることで、環境庁や都道府県の鳥獣行政の担い手たちは、権限こそ持ち合わせないが、ワイルドライフマネジメントを実行する強力なツールを手にすることができる。

しかし、道具は使ってこそ意味がある。最も大事なことは、この制度が上手に利用されるかどうかにかかっている。今回の改正は、地方分権の流れの一環でもあった。単なる捕獲規制の緩和にとどまらず、機関委任事務の廃止によって多くの自治体では、有害駆除などの捕獲許可権限を市町村長にまで委譲してしまった。もちろん、科学的、計画的にこれらの許可権限が行使されれば、むしろ好ましい限りである。しかし、ようやく特定計画制度を創設して、わが国にも科学的な調査に基づく仕組みの重要性を認めたばかりである。人材もこれから育てなければならないし、予算も獲得して行かなければならない。

このような現状で、捕獲許可権限だけが市町村へ委譲されれば、地域的な乱獲を止めることができない。せめて、クマなどの絶滅のおそれのある大型野生動物は、特定計画を義務付けるべきだったのである。現在取り得る次善の策は、早急に都道府県がこうした動物の特定計画を樹立することであろう（表2―1）。

今回の法改正にあたって、異例とも言えるのは十時間以上におよぶ審議時間の長さである。ちゃんとは調べたわけではないが、野生動物にかかわる審議としては、おそらく憲政史上最長の記録かもしれない。

■――市民参加と被害対策

その原因は、改正案に対する自然保護ＮＧＯの反発にあった。もっともＮＧＯが反発すること自体は珍しくもなく、ましてや政府提案の法案だったので、すんなり国会を通過するのが常識のはずであった。しかし、今回は偶然が重なった。まず、参議院改革の一環で、最近では提出される法案の半分を参議院で先に審議すること（これを参議院先議という）になっている。この選択はほとんど無作為なのだが、たまたま鳥獣保護法改正案は参議院先議となった。参議院先議の法案の場合、もし参議院で否決されると自動的に廃案となってしまう。参議院の役割が重要になるのである。

鳥獣保護法が参議院に掛かった時点では、与野党の勢力が逆転していた。しかし、この法案自体は被害者救済の意味が強く、野党といえども反対するにはいささか勇気がいることである。ところが、多くの野党は法案に対して反対の姿勢を鮮明にした。環境庁の説明不足もさることながら、鳥獣行政のお粗末な現状に、さすがの議員も認識を新たにしたことが一因だったようだ。

参議院国土環境委員会では、単純に採決すれば、廃案になる可能性が出てきたため、採決が一カ月以上も延期される事態となった。委員会での論戦の様子は、議事録が公開されているのでそちらをご覧いただきたい。

結局のところ、三年後の見直し規定を附則に入れることで、改正案は修正なしに可決成立したわけであるが、さまざまな面で得られたものは大きかったと思われる。

まず、ワイルドライフマネジメントに欠かせない情報公開と多様な主体の参加という原則が、その後の制度作りで反映されたことがあげられる。もちろん、そのための行政担当者の努力には涙ぐましいものもあり、こうした情報公開に正当なコストが認められることなしに、制度として成り立たせるには無理があるだろう。

もう一つあげておきたいのは、農林水産省の取り組み方が変わったことである。どちらかというと、これまでは自らも野生動物の被害者という立場であったのが、法改正の一連の議論で、農林水産省も積極的にワイルドライフマネジメントに参画して被害対策を進めるべきであるという意見が多く出されたからである。鳥獣保護法改正をうけて、自治体の農業担当者の職員研修や、農業試験場の研究者をネットワークした研究会の発足など、重要なアクションが続いている。今後、農業普及事業における専門技術員の専門試験（農業改良普及員が一定の経験を積み、資格試験に合格すれば、専門技術員として普及員を統括する立場になる制度）の分野にワイルドライフマネジメントを含めてゆくことも検討されている。野生動物被害の現場では、鳥獣行政の担当者よりもむしろ実際に農家などと接している農業関係の担当者が被害対策を業務にするほうが効果的であり、こうした取り組みには大いに期待したい。

結果的に、自然保護NGOの果たした役割は大きかった。ワイルドライフマネジメントのシステムに市民参加が欠かせないのは、まず市民参加によって議論が活発化することを期待しているからである。今回の国会審議では、まさにそれが具体化した。実は、議論が活発になることによってのみ、多様な立場の人々が野生動物と人間の関係に関心を持つことができ、ひいては納税者の意思としてこの分野に資金を導入させる効果を生む。これまで野生動物の被害問題が深刻化していったのは、この対策には大きな資金が必要であるという当たり前のことが理解されていないからだ。その意味でも、被害対策を進めるには、市民参加の仕組み作りが最も近道なのである。(注7)

3 シカ問題

■──尾瀬のシカ問題

自然保護関係者に衝撃的な事件が起きた。わが国有数の高層湿原である尾瀬にシカが入ってしまったのである(図2─12)。尾瀬の象徴とも言うべきミズバショウが、シカに食べられて絶滅するか

図２—12　シカの分布（網掛け部）と尾瀬の位置

もしれないという学者もいる。環境庁では一九九九年から、緊急に調査を開始した。

　半世紀前、「夏の思い出」という歌で尾瀬は一躍有名になった。しかし、そのころ尾瀬は存亡の危機に瀕していた。尾瀬ヶ原に高さ八〇メートルのダムを築いて、一六九万キロワットの発電を行う計画が発表されたのである。この計画が実行されれば、尾瀬は水没する。これを聞いた尾瀬の愛好者や学者・文化人たちが尾瀬保存期成同盟を組織して、ダム計画の反対運動を展開した。結局、反対運動の盛り上がりでこの計画は撤回され、尾瀬は守られることとなった。この尾瀬保存期成同盟は、現在の財団法人日本自然保護協会の前身である。いわば、尾瀬は戦後の自然保護運動のシンボル的存在でもあるのだ。

　その尾瀬にシカが入ってしまった。環境庁ではシカの駆除を念頭に置いた対策を検討中であるという。しかし、尾瀬の湿原地帯は、その自然環境や景観を保護するために、国立公園特別保護地区、天然記念物、鳥獣保護区特別保護地域などに指定され、本来なら野生生物は草木一本捕ることも許されてはいない。しかも、自然保護のシンボルというべき尾瀬にあって、わが国を代表する大型野生動物の駆除とは、矛盾を感じる人も多いはずだ。

さて、この問題はどのように考えたらよいのだろうか。そもそも野生動物が与える自然植生への影響を「被害問題」の章で取り上げることには、私自身いかがなものかと思っているが、これまでこうした問題への行政的な対応は、鳥獣保護法に基づき有害鳥獣駆除制度で行ってきた。だから、私としてもこの章で取り上げないわけにはいかないのである。ただ、現在では一九九九年の鳥獣保護法改正で創設された特定鳥獣保護管理計画制度を適用すれば、駆除ではなく「個体数調整」として捕獲できるわけだが、相変わらず自然植生に対する「食害」への対策と認識されているので、やはり被害問題には違いない。それに、実は後で述べるように、自然植生への被害問題は、農林業被害問題とルーツがいっしょであると考えられるのである。

それでも「だいたい、このようなシカの影響を食害と呼ぶ人もいるが、野生動物が農耕地を荒らしたのならともかく、野生の植物を食べて、なぜ食害なのか。それならシカは何を食べればよいのか」などと憤慨する人もいるだろう。しかし、そうは言ってもこのまま放置すれば尾瀬のシカは増加して行き、いくつかの希少な植物種は絶滅のおそれがあると予想される。「特定の生物ばかりを保護すると、ほかの生物に悪影響が出るので、自然を守るためには人間がそのバランスをとってやらなければならない」といった意見が今のところおおむね支持される考え方のようだ。そして「そもそもシカがこのように増えたのは、人間がオオカミを絶滅させたり、地球の温暖化で雪が少なくなってシカの死亡率が低下したためで、元はといえば人間がまいた種であるから人間が責任をもって管理しなければならないのだ」……と続く。

最近、こうした山地にシカが入り、希少な高山植物や自然植生を破壊する問題が各地で起こっている。そこには北海道の阿寒や知床、栃木県の日光、奈良県の大台ヶ原など、わが国を代表する国立公園が含まれ、今後も問題となる地域は増えて行くことになるだろう。

■――山に登ったシカたち

これまでにも、本来シカは平野の生き物であると述べてきた。では、なぜ今になってシカは山に登るようになったのだろうか。もっとも、その理由がわかったところで、直面する問題への対策は、シカを何らかの形で排除することしかない。しかし、こうした対策はあくまでも対症療法にすぎないことも事実である。ただし、これから未来へ向けて、私たち人間とシカとがどのような関係を築くことが望ましいのかは、別の問題であろう。それを考えるためには、やはりシカがなぜ山に登るのかを知ることから始めなければなるまい。

平野からのシカの排除は、主に明治期の乱獲による絶滅が原因である。もちろん、シカの生態的特性として、多雪地帯では越冬できないのだが、シカはこのような地域を季節的に利用していたようだ。また、平野といっても田畑に定着してシカが暮らせるわけもなく、常に追い払われたり、駆除されたりしていた。それでも、江戸期まではシカが利用できる氾濫原や河畔林、あるいは平地林

表２－２　わが国の国土利用の推移（％）

年度	農用地	森林	原野	河川など	道路	宅地	その他
1965	17.1	66.7	1.7	2.9	2.2	2.2	7.2
1970	16.2	66.9	1.5	3.0	2.3	2.7	7.4
1975	17.3	67.0	1.1	3.4	2.3	3.3	7.6
1980	14.8	67.1	0.9	3.5	2.6	3.7	7.4
1985	14.5	67.0	0.8	3.5	2.8	4.0	7.4
1990	14.1	66.8	0.7	3.5	3.0	4.3	7.6
1995	13.5	66.5	0.7	3.5	3.2	4.6	8.0

日本統計年鑑より（総務庁統計局編）

などが平野部にモザイク的に連なり、また里山では茅場や家畜のための採草地がいたるところにあって、格好の餌場となっただろう。しかし、こうした土地利用はおもにここ半世紀で激変する。

わが国は世界の工業先進国の中で飛びぬけて国土に占める森林率が高い。これは裏返せば開発できる平野が少ないということにほかならない。当然、この半世紀にわたる経済発展と人口増加は、平野部の土地利用形態を大きく変えてしまった（表２―２）。この表を見る限り、森林の割合はほとんど変化していないが、道路や宅地（工業用地も含む）などの都市としての面積が激増していることがわかる。その増加分は農用地の減少にほぼ等しい。わずか四％程度の変化ではあるが、これは東京都の面積のおよそ七倍に匹敵する。三十年という短い間に、爆発的に都市が膨張したことが見て取れる。

このような都市の膨張によって、野生動物の生息地はずたずたに分断された。仮に生息に適した土地が残されていたとしても、このままでは二度とシカは平野に戻ることはできない。

結局、平野部に棲めなくなったシカたちは、森に棲むようになった。それでも国土の七割近くを占める森林である。なんとか生きていくこと

表２－３　森林面積の推移

単位は千ha，カッコ内は百分比

年度	森林面積	人工林面積	天然林面積
1951	22733（100）	4972（21.9）	16602（73.0）
1960	25609（100）	6164（24.1）	17159（67.0）
1970	25285（100）	7695（30.4）	15678（62.0）
1980	25198（100）	9584（38.0）	14167（56.2）
1990	24588（100）	10253（41.7）	13519（55.0）
2000	24919（100）	10338（41.5）	13320（53.5）

農林水産統計より

はできるだろうと思われた。しかし、先ほど見たように森林の面積自体にはほとんど変化がないが、第二次世界大戦を境にその中身は有史以来未曾有の変貌を遂げることになる。

戦時下には軍事物資として極端な乱伐が行われ、多くの地域がはげ山と化した。さらに、敗戦からの復興とその後の高度経済成長で、木材資源の需要は急増し、森林開発は重要な国策となる。そこで、短期的に木材資源の収量を確保するために、数十ヘクタールといった大規模な皆伐をして、成長の早いスギやヒノキを一斉に植林する「拡大造林政策」が一九五七年から開始された。その結果、その後のわずか三十年あまりで、実に五百万ヘクタール（五万平方キロ）を超える天然林がスギやヒノキの人工林に置き換わった。これは、現在の農耕地面積に等しく、都市の膨張の比ではない（表２―３）。

もっとも、この森林伐採は、シカのような草食動物にとって、必ずしも悪い話ではなかった。天然林といっても、野生動物の餌が無限にあるわけではなく、実際、シカの餌になるような植物は、一メートル四方に数グラムというのが普通である。一日に五キロ以上も食べる大食漢の動物にとって、天然林での餌探しも楽ではないのだ。ところが、大面積の

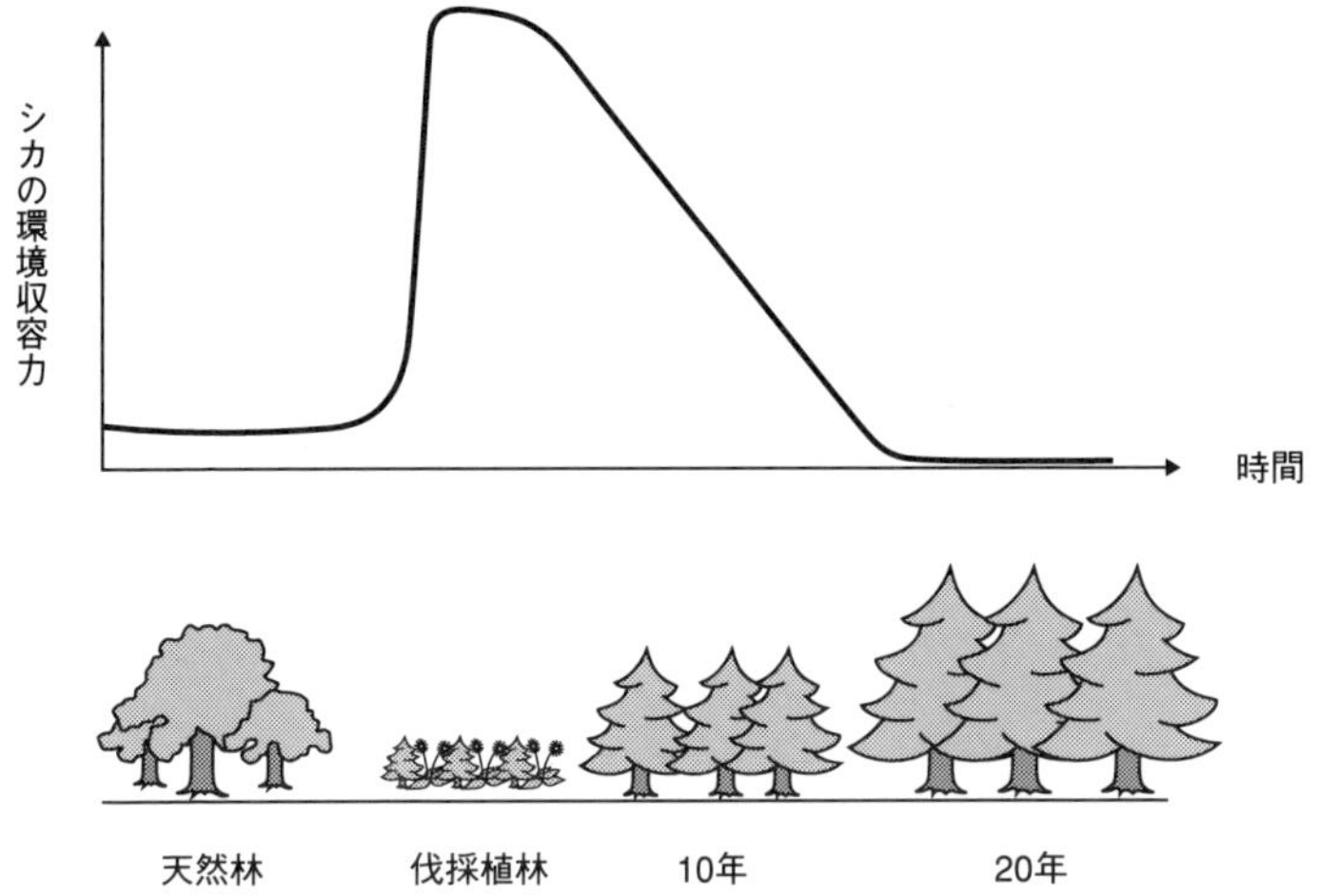

図2―13　森林伐採による収容力変化

皆伐が行われた場合、それまで大きな樹木がさえぎっていた光がすべて地表に降り注ぐこととなり、シカの食べる餌は爆発的に成長する。つまり、拡大造林政策とは、まさに山にシカのための大規模な牧草地を造成したようなものなのである。

畜産学では、単位面積あたりで養える家畜の個体数を「牧養力」と呼んでいるが、生態学では同じ概念を「環境収容力」と呼ぶ。大面積皆伐は、シカの環境収容力を天然林に比べて十～二十倍に増加させる(図2―13)。同じ反芻動物でもニホンカモシカは、一夫一妻の社会構造を持ち、夫婦で厳格なわばりを維持するので、餌が増えたからといって急激に個体数が増えることはない。しかし、ニホンジカはなわばりを持たない集団を形成する動物で、さらに生後一年で出産することができる。環境収容力の急激な増加は、シカを爆発的に増やしてしまうのである。

ところが、この環境収容力は永続性があるもので

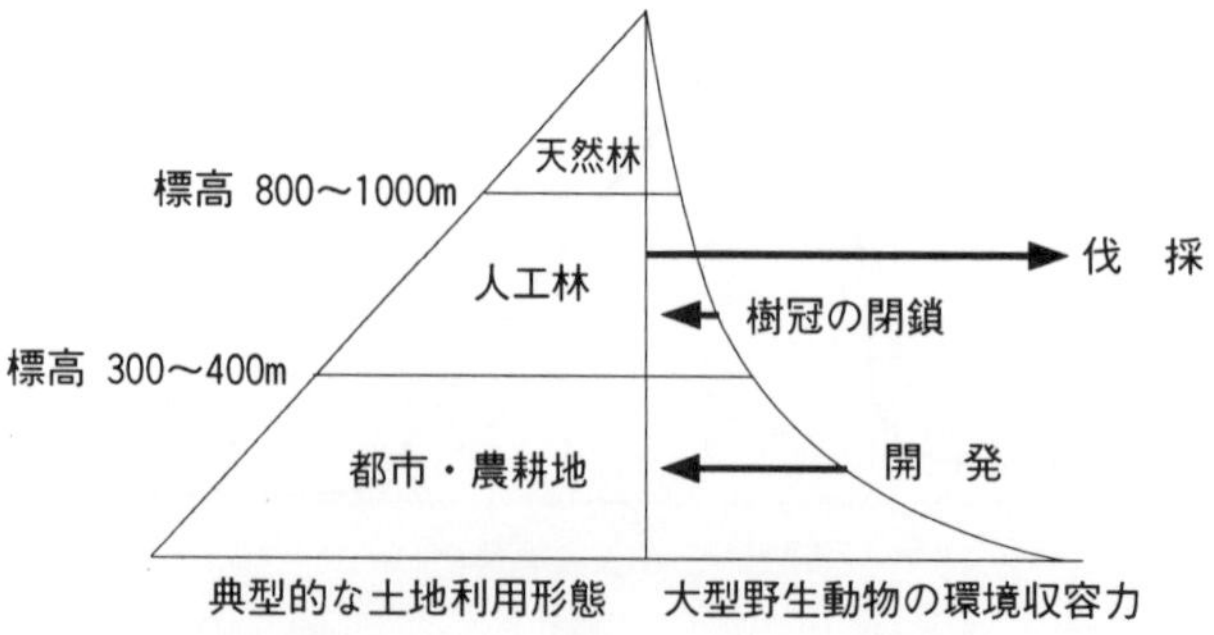

図２―14　わが国の土地利用形態と大型野生動物の環境収容力

はない。植林されてから十五年ほど経過すると、常緑の針葉樹であるスギやヒノキの苗木は成長し、樹冠を閉鎖する。つまり枝を伸ばして、日光を遮ってしまうのだ。こうした森に入ると、地表にほとんど光が届かないために真っ暗で、当然のことながら、シカが食べられるような植物は見当たらなくなる。もちろん、十分な手入れがされている植林地では、枝打ちや間伐といった作業によって地表にも光が入り、多様な植生を見ることもできる。しかし、近年の林業不況で放置された植林地が多く、ひどい場所では表土が流出してしまい、大雨が降れば根こそぎ木が倒れて山自体が崩れるおそれさえある。

拡大造林政策から約四十年経った今、このような真っ暗な森が、いたるところで大面積に広がっている。ここでは、シカの環境収容力はほとんどゼロに等しく、暮らすことはできない。仮に暮らせたとしても、植林への被害や隣接する農地への被害などで、駆除のために追いまわされることになる。結局、シカたちが安住の地に選んだのは、さらに標高の高い天然林地帯であった（図2―14）。多くの場合、こうした地域は国立公園や鳥獣保護区などに指

図２－15　丹沢山地の位置

定されているため、追いまわされる心配がない。こうして、本来なら平野を疾走していたはずの野生動物が、山に登らざるを得なくなったのだ。

さて、ではこのシカたちとどのような関係を持てばよいのだろうか。ここでは私がかかわっている神奈川県丹沢山地の事例を紹介しよう。

■――丹沢の教訓

丹沢山地は、神奈川県の屋根とも呼ばれる、およそ四百平方キロの山岳地帯で、大山信仰などで古くから栄えてきた（図２―15）。現在では、都心からもっとも近い山として、年間の入山者は百万人を超える。また、丹沢大山国定公園にも指定され、公園利用者は七百万人にも達するわが国有数の自然公園である。

六十年代に起こった国定公園指定運動の際には、シカは丹沢の自然保護のシンボル的存在であった。戦後の乱獲によってシカが絶滅寸前に追いやられていたこともあり、その後一九七〇年まで禁猟となった。しかし、一方でこの時期、丹沢でも拡大造林政策によって大規模な伐採が行われ、シカは急速に分布を拡大していった。結局、被害問題が起こり、禁猟は解除されることとなる。ただし、丹沢全体を狩猟解禁にしたわけではなく、自由狩猟区（いわゆる乱場）は低標高域に設定して、高標高域を保護区とし、その中間地帯を管理猟区に指定するというゾーニングを同時に行った。

また、神奈川県はシカと林業との共存を図るため、新たな植林地は防鹿柵と呼ばれるフェンスで囲うことを決めた。これは、すべて公費で負担するという画期的な保護政策であったが、その後、二十年あまりで柵の総延長が四七一キロとなり、山中が柵だらけのようになってしまった。この柵によって植林への被害は減少したものの、シカの利用できる空間を狭め、結果的に環境収容力を低下させ、さらにシカを山の上に登らせてしまった。

この結果、三十年足らずで丹沢の光景は激変してしまったのだ。私は高校時代に山岳部員だったので、地元にある丹沢には足繁く通っていてよく覚えている。以前は、丹沢と言えば藪漕ぎなしに頂上に達することができないほど、ササやブッシュでおおわれた山であったが、現在ではブナ林の中でもまるで都市公園のように快適に歩くことができる。ブナやモミの大木が立ち枯れ、ササは一部の地域を残して枯死してしまった。当然、シカの餌はなくなり、餓死する個体も多く見つかるようになった。修羅場とは、このようなところを言うのだろうか。しかし、丹沢では、全国的に見ても早い時期からシカ問題に取り組み、個体群管理も被害対策も膨大な費用をかけてやってきたはずだった。では、いったい何が間違っていたのだろうか。

結局のところ、これまでの政策は被害を減らすことだけを考えたもので、土地利用の見直しもなければ、科学的なシカの個体数コントロールもしてこなかった。当然、環境収容力にアンバランスが生じて、破滅的な結果になったと言える。シカたちが最後にたどり着いた山の上も、結局、安住の地ではなかった。そこは他の希少な野生生物にとっても最後の砦で、それをシカが餌にすることは許されないのだ。おまけに、ここではシカも大規模な移動ができないために、その高い蹄圧によって植生を破壊してしまい、裸地化するなどの影響も出てしまう。しかも標高の高い地域はシカにとっての環境収容力が小さいために、ついにはシカは森林を破壊して草原に変えてしまうのである。

このような状況が続けば、シカによって絶滅する野生生物が増えてくることだろう。これ以上放置できないことは事実である。それではシカたちはどこに暮らし、何を食べれば許されるのだろうか。もはやこれ以上の高みはないのである。

■——シカを山から降ろす

この問題を考える際に、私たち人間がシカのような動物を山に登らせてしまったことこそが、大きな誤りであったと自覚することを忘れてはならない。その上で、シカにはもう一度山から降りてもらわなければならない。このような考えは荒唐無稽に聞こえるかもしれないが、本来の生態を失った野生生物は、生きたぬいぐるみに等しい。われわれが未来の世代に果たすべき責務は、あるべき自然の姿を保全することである。冷凍庫で受精卵を保存しようが、動物園で種を保存しようが、それは緊急避難の対策であって生物の多様性を守る本質ではない。同じように、このような山の上でシカを保存しても、生物の多様性を守ったことにはならないのである。

もちろん、今すぐにシカを平野に降ろすことなど夢物語であることも承知している。現在、平野部は大部分が私有地である。よほどの物好きでない限り、シカに土地を明け渡そうなどという人はいないだろう。ましてやこの小さな島国で、史上空前の一億三千万人を支えてゆかなければならないのだ。ただ、第1章で述べたように、今後数年でこの国の人口は減少に転じると見られている。あと二百年先には人口が半減するという予測を出す研究者もいる。そのころにはシカに土地を提供できる時代が来るかもしれない。だとすれば、シカが二百年だけ何とか山で生き延びられるような方法を考えることが次善の策であろう。

その一つの方策として、第1章では「緑の回廊」の考え方を紹介した。ただし、すでに丹沢のような末期症状のところでは、緑の回廊作りだけでは時間がかかりすぎて、手遅れとなる。即効性のある対症療法もあわせて実行しなければならないのだ。

考え方は二つある。一つは、生物の多様性が保全されるレベルの環境収容力に見合うようにシカの個体数を人間がコントロールすること。もう一つは、環境収容力が極端に小さくなった人工林地帯に手を加えて、環境収容力を大きくすることである。いずれにせよ、事の善悪は別として、今は

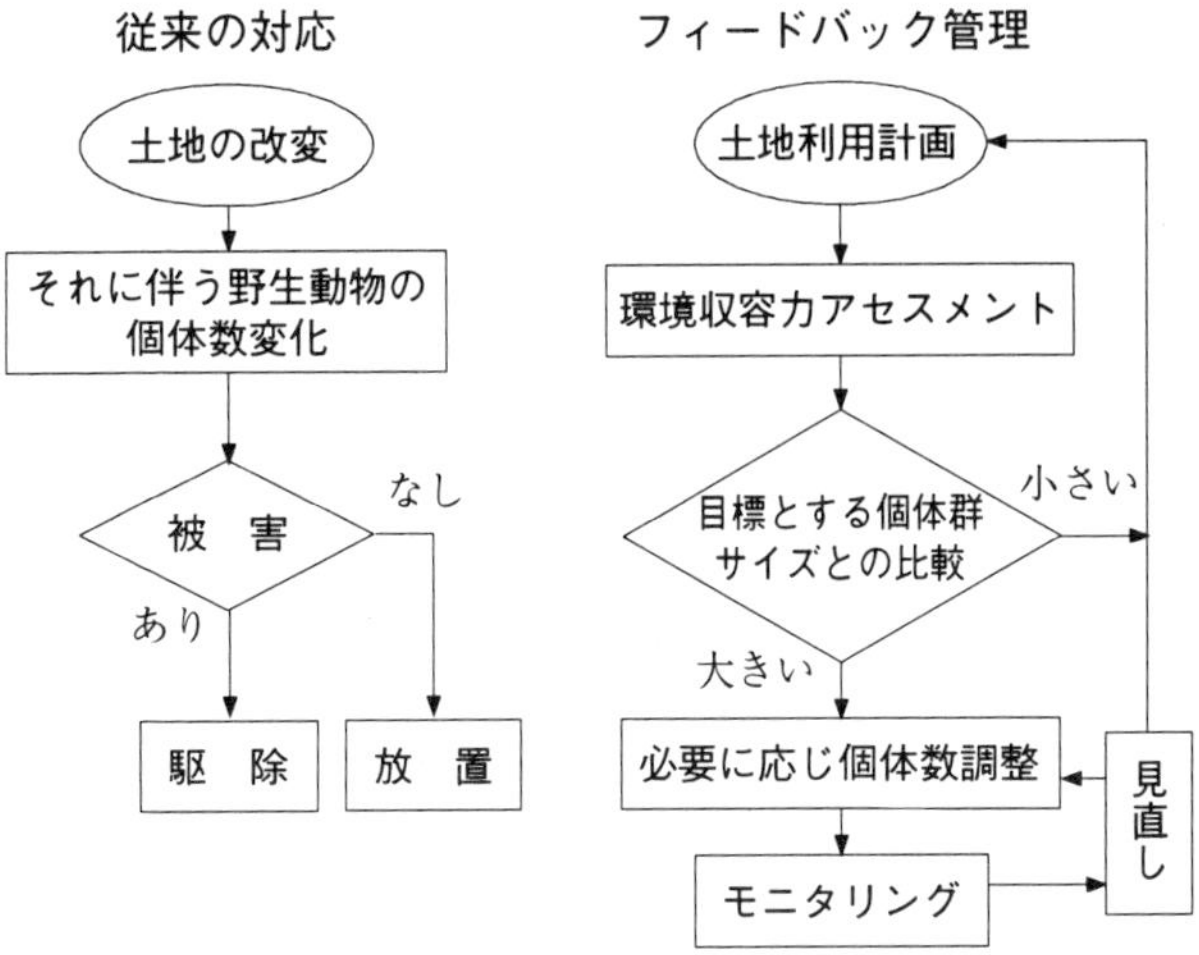

図2－16　フィードバック管理の考え方

人間がシカや森を管理しなければならないのである。それには科学的データが不可欠である。

　地元の自然保護団体や研究者たちの強い要請で、神奈川県は一九九三年から四年間かけて丹沢山地を保全するための調査を行う決断をした。この調査は、さまざまな分野の専門家など約四六〇人からなる調査団によるボランティアで行われた。このような市民による大規模な調査は他に類を見ないもので、その結果と提言は一九九七年に「丹沢大山自然環境総合調査報告書」として刊行された。この報告書で調査団は、丹沢山地を保全するためには、緊急に対策を実行するマスタープランを策定することや、モニタリング調査や管理を実行する新たな機関の設立を提言した。特に、シカの科学的管理の体制整備は急務であることが強調されている。（注8）

　これを受けた神奈川県は、マスタープラン作りの専門委員会を立ち上げ、一九九九年三月に「丹沢大山保全計画」を決定した。このマスタープランでは、生物の多様性の保全を基本方針として、丹沢山地を一一九の流域に分けて、それぞれの流域ごとに保全や利用に対する管理目標を設定し、さまざまな施策を実行するという考え方が取り入れられた。これは野生生物の個体群を維持できるように、モニタリングを通じて生息地管理を土地利用計画に反映させる、フィードバック管理と呼ばれるものである（図2―16）。

その後、神奈川県では環境政策を担ってきた環境部と農林業政策を担ってきた農政部が再編され、環境農政部が誕生した。土地利用政策と自然保護政策が合体したのである。これに伴って、二〇〇〇年四月に森林研究所や自然保護センターなど五つの県関係機関を統合して「自然環境保全センター」ができた。調査団が提言した丹沢保全の実行機関としてスタートする。まだ、動き出したばかりであるが、これまでにない森林の利用や管理が期待されている。

■――「適正頭数」とは何か

これまで述べたように、当面は人間がシカの個体数をコントロールせざるを得ない。ただ、シカに限らず野生動物の個体数コントロールの議論で、必ず話題になるのは「適正頭数は何頭か」というものである。特に行政担当者の方々は、数字がないと物事を進められないのが役所の掟のようで、執拗にこの答えを研究者に求めてこられる。生態学的に適正頭数というのはなかなか定義は難しいが、あえてシカの場合で考えれば、地域個体群を健全に維持するのに適正な（あるいは十分な）個体数であると同時に、生物の多様性を保全する上で適正な個体数（むしろ個体数密度）ということになろうか。もっとも、現在山の上にいるシカは、本来ならそこにいてはならないのであって、「適正」などという言葉を使うこと自体おかしな話ではあるのだが。

しかし、多くの場合、行政的なニーズとしてはこんなことを知りたいわけではなさそうだ。つまり、この場合の適正頭数とは、農林業や自然植生に被害が発生しない適正な個体数を指している。要するに「適正」という言葉は、自然科学的にではなく社会科学的な意味合いで使われているのだ。簡単にいえば、人間にとって都合の良い数ということになる。

ただ、ワイルドライフマネジメントとは、人間勝手なものである。人間の都合が許されないとすれば、マネジメント自体が成り立たなくなってしまう。しかし、無限に人間の都合を優先するものでもない。野生動物の個体群が健全でしかも永続的に存在することを保証することが前提となる。

さて、では適正頭数とはどのように考えれば良いのだろうか。

実は、いままでこの問題に対する明確な基準などが行政的に示されていなかったため、「適正頭数」という言葉が一人歩きをしてしまい、適当に解釈されてきたと言ってもよい。しかし、これではシカなどの個体数を行政が責任を持ってコントロールしなければならない（これを個体数管理と言う）のに、どのような考え方で実行すればよいのかあいまいすぎて問題であった。そこで、ようやく一九九九年の鳥獣保護法改正によって創設された特定鳥獣保護管理計画制度では、個体数コントロー

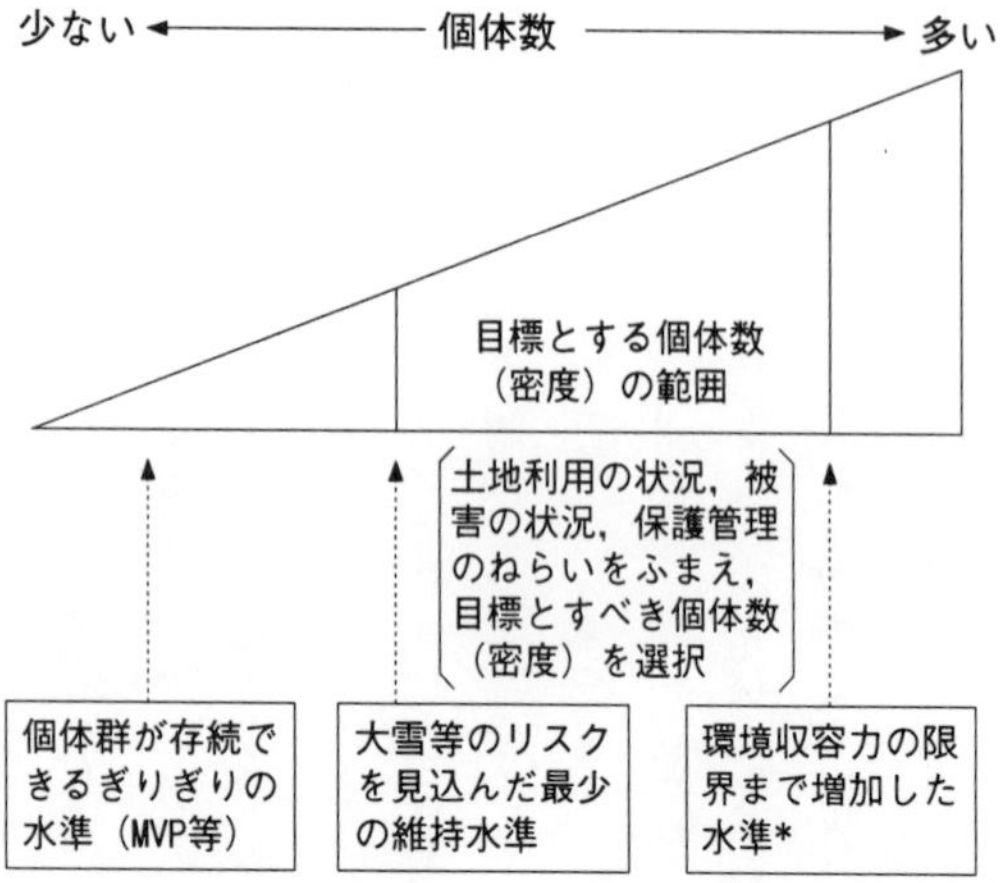

＊ 個体の劣化を起こしたり，自然植生の衰退を起こすことのない限界値（通常，ここを当面の目標とする）

図2―17　目標とする個体数（密度）の考え方（環境庁資料）

ルについて、一定の基準が示された。それは、地域個体群を単位として、最低限維持すべき水準と社会的あるいは生態学的に許容可能な最高水準を設定し、その間に維持すべき個体数の目標を定めるという考え方だ(図2―17)。いわば、「適正頭数」から「目標頭数」への発想の転換である。

　ここでの最低限維持すべき水準とは、保全生物学における最少維持可能個体数（ＭＶＰ：minimum viable population）に安全係数を掛けたものである。ＭＶＰとは、千年間にいかなる異変が生じても、九九％の確率で生存が可能な最小の個体数をいう。このＭＶＰは生物種により異なると考えられるが、大型哺乳類で実測されたケースはほとんどなく、理論値としておよそ千頭程度ではないかと考えられている。しかし、ワイルドライフマネジメントのリスク管理におけるエンドポイントの一つは、地域個体群の絶滅であり、それを回避するためにはいまだ評価の定まらないMVPそのものを目標水準にすることは許されない。また、個体数推定技術そのものも不確実性を含んでおり、さらに豪雪などの環境変動も考慮に入れると、ここでの安全係数は数倍以上となるだろう。一九九八年に北海道が策定した「道東エゾシカ保護管理計画」では、許容下限水準を暫定的に六千頭としている。

最低水準については、人間の都合を排除しているが、最高水準については、「社会的あるいは生態学的に許容可能な」というように人間の都合を認めている。これは地域個体群は絶滅させないという強い意思の表れでもあり、一方で人間にも譲歩した妥協の産物である。

被害問題の多くのケースでは、個体群の水準が社会的許容水準を上回っている。したがって、個体数コントロールが第一のオプションとして期待されるわけだが、特に大型哺乳類では分布の分断孤立化が著しく、絶滅さえ回避できれば良いという目標設定は危険であろう。こうした状況を裏返せば、社会的許容水準が上昇すれば、個体数コントロールを必要としないこともありうるのだ。現代のマネジメントでは、むしろ被害管理技術などの社会的許容水準を上昇させるオプションがより重要になる。

ところで「生態学的に許容可能な水準」とは何であろうか。これは環境収容力の限界という理解も成り立つが、シカの場合は森を草原に変えてまで自ら環境収容力を増加させる動物であるため、むしろ生物の多様性保全を考慮したうえでの環境収容力に見合う個体数ということになるだろう。

もっとも考え方としては理解できても、実際のところ具体的なデータはまだ少なく、これからの試行錯誤の中から理解されるものであろう。

■——個体数管理で被害はなくなるか

さて、ようやく一定の基準が示されたと言っても、すべての事例がこれで解決するわけではない。大きな問題の一つは、個体数をコントロールしたからといって、野生動物による被害がゼロになるわけではないからだ。つまり、地域社会全体の被害額（量）や住民の平均的な被害意識を軽減することができても、相変わらず特定の個人や地域には受忍できない被害は残る。これは、例えば、GDP（国内総生産）が増えたからといって、万人が豊かになるとは限らないのと同じだ。被害対策としての個体数管理は、あくまでも平均値的な問題の解決にしかならないのである。

個体数管理の効果について実証的な研究がほとんどないために、十分の議論はできないが、例えばシカによる被害の場合は、これまでのいくつかの事例からおおむね個体数と相対的な被害とは一定の関係があるようだ（図2—18）。ただし、この図で分かるように、個体数管理だけで被害をゼロにするには、シカを絶滅させなければならない。つまり、シカがいる限り被害はなくならないのである。多様な対策が求められる理由は、ここにあるのだ。

それでもシカの場合は、個体数管理に一定の効果が期待できる。ところがサルやクマのように人身被害が問題になる動物の場合、相対的な被害は個体数管理によって軽減させることは難しい。例えば、仮に最後の一頭だけになっても、クマに対する恐怖心や嫌悪感を拭い去るのは容易ではないからだ。だから、サルやクマの被害対策として個体数管理に過大な期待をすることは、期待はずれになることもあれば、個体群を絶滅させてしまうおそれもあるということになる。

個体数管理を選択する場合で最も深刻なのは、対象とする個体群がすでに最低限維持すべき水準を下回っていたり、あるいは「社会的あるいは生態学的に許容可能な」水準への誘導を目標にしたとしても、その目標レベルが最低限維持すべき水準を下回ってしまったケースである。もちろんこうした状況では、原則的には個体数管理をすべきではない。しかし、ただ捕獲を禁止しても住民感情に対して逆効果となることさえある。

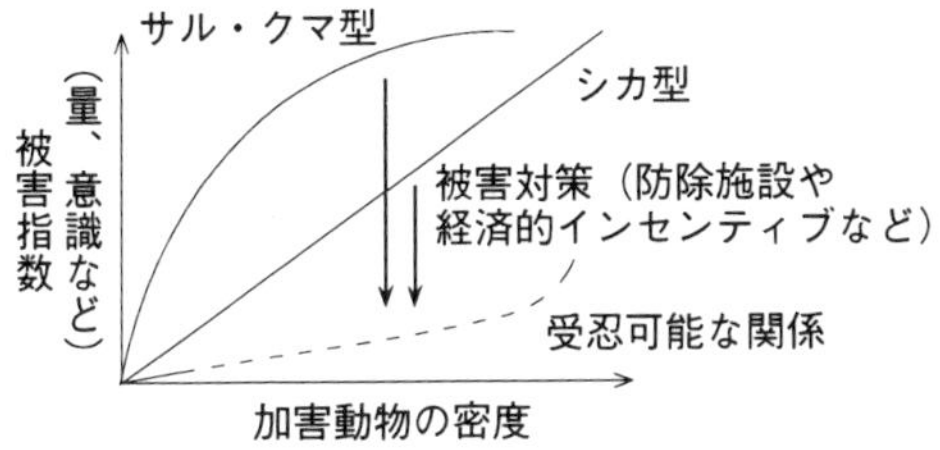

図２―18　加害動物の密度と被害との関係

相手がクマのような動物の場合、絶滅を回避してなおかつ人身被害などを予防するには、地域における社会的許容水準を上昇させるためのインセンティブが不可欠である。被害対策を特定の地域住民にだけ押し付けるような政策では、トランプのババ抜きに等しくなってしまうからだ。

広島県では、一九九四年に全国に先駆けて「野生生物の種の保護に関する条例」を制定して、絶滅に瀕したツキノワグマの保護政策をとり、里に出てきたクマを生け捕りにして山に帰す奥山放獣が行われている。こうした試みは各地でもあるが、多くはボランティアに頼っているのが実情である。この場合、事故の際の責任問題などが心配されているが、広島県では条例で保護しているために、作業は県職員が出動することになっている。また、人身被害が起こるおそれもあるため、地域住民全員に傷害保険を掛けるなどの対策をたてた。保険金額や対策予算の低さなど、問題は山積みしているが、これまでのわが国の政策で被害補償制度が忌避されてきたことを考えると、賞賛に値する。まだまだこのような取り組みは少ないが、野生動物との新しい関係作りとして発展が期待される。

(注1) 花井正光(1995)「近世史料にみる獣害とその対策」、河合・埴原編『動物と文明』52―65、朝倉書店

三戸幸久・渡辺邦夫(1999)『人とサルの社会史』、東海大学出版会

(注2) 森庄一郎(1898)「吉野林業全書」(復刻 明治農業全書13巻、農山漁村文化協会、1984年)

(注3) 斎藤忠(1934)「猪垣遺跡考」、『歴史地理』、63(4)、1―17

(注4) 鳥獣行政研究会(1981)『鳥獣保護制度の解説』、大成出版社

(注5) 沼田眞編(1974)『生態学辞典』、築地書館

(注6) 邦訳は伊藤嘉昭監訳で、ワット(1972)『生態学と資源管理』、築地書館

(注7) この項についての詳細は、以下の拙著論文を参照されたい。

羽山伸一(2000)「野生鳥獣被害対策から見た鳥獣保護法改正とワイルドライフマネジメント」、『畜産の研究』、54(1)、196―202

羽山伸一・坂元雅行(2000)「鳥獣保護法改正の経緯と評価」、『環境と公害』、29(3)、33―39

(注8) 神奈川県(1997)『丹沢大山自然環境総合調査報告書』

第3章　餌付けザル問題

長野県志賀高原地獄谷の温泉に入るニホンザル（写真提供：森光由樹氏）

■——温泉ザル間引き計画

長野県の志賀高原地獄谷に、温泉に入ることで有名なニホンザルがいる。いかにも気持ち良さそうな表情で湯船につかるサルを見るために、年間十万人以上の観光客が訪れる。写真家の岩合光昭さんによって世界に紹介されたこのサルたちは、海外ではスノーモンキーと呼ばれて愛されている。世界の工業先進国で、人間以外の霊長類が棲んでいるのは日本だけである。ましてや雪国で温泉に入るサルがいるなど、メルヘン以外の何物でもない。そのためか、ここでは飽きもせず一日中サルたちの写真を撮っている外国人をよく見かける。

このような人気者であることもあって、一九九五年にこのサルたちの多くが間引かれるという計画がマスコミで取り上げられるやいなや、大きな社会的関心事となった。このサルたちは野生のニホンザルではあるが、株式会社地獄谷野猿公苑によって餌付けされている「観光資源」でもあったのだ。餌付けされた野生動物の宿命として、個体数は増えつづける。この間引き計画とは、三群、約三六〇頭となったサルたちを、約百頭にまで減らすというものであった。これ以上増えると管理しきれなくなり、餌場から離脱した群れが里へ降りて農作物などを荒らすおそれがあるというのが理由だ。

野猿公苑としては、間引いたサルたちを実験動物などとして引き取ってもらいたいという内容の要請を全国の大学や研究機関へ出し、すでに一部の機関から内諾を受け取っていた。しかし、こうした状況を知った研究者や動物保護団体などから反対意見が出された。「人間の都合でサルを増やしておきながら、不都合になると間引くとはけしからん」、「本来、野生動物を餌付けすべきではない」、「野生動物を実験動物にするなどもってのほか」など、さまざまな理由が挙げられた。

さらに、国際的にも反響があり、長野県庁へも抗議の意見が寄せられたという。そのころ長野では、冬季オリンピックが迫っていた。観光地である地元としても国際的なイメージダウンは避けたいところである。

結局、この計画は断念せざるを得なくなった。

■──餌付けザルの歴史

志賀高原地獄谷で起こったような、餌付けザルの問題は、これまでも全国で見られてきた。それほど問題をかかえているサルの餌付けとは、いったいどうして始まったものなのだろうか（注1）。

第二次世界大戦後の日本では、他の大型野生動物と同様に、ニホンザルも明治期以来の乱獲によって絶滅寸前まで追い詰められた。一九四八年に、ようやく狩猟対象からはずされたものの、すでにサルを身近に見ることなどできなくなっていた。

この当時は、サルが絶滅に瀕していただけではなく、人間に対する恐怖心が強かったこともあり、ほとんど人目につかなかったようだ。そんな状況でサルに餌を与えようにも、簡単に餌付くはずも

図３－１　全国の野猿公園の分布（左，すでに閉園したものも含む）と地獄谷野猿公苑の位置（右）

なかった。このころ京都大学の研究者たちが中心となって、サルの研究が開始される。いわゆる「サル学」の始まりである。サルを研究するのにサルが見られなければ仕方がない。そのため、根気強く餌付けが試みられたのだ。サル学発祥の地、宮崎県の幸島でついにサルの餌付けに成功したのは、一九五二年のことであった。

翌年の一九五三年には、大分県の高崎山でも餌付けに成功し、高崎山自然動物園として営業を開始する。その後、全国各地で次々とこうした餌付けによる野猿公園のオープンが相次ぎ、一九七二年までに四一園を数えた。これほど急速に全国に野猿公園が広がったのは、絶滅に瀕したニホンザルを保護できるうえに、観光資源として地元も潤うという一石二鳥の名案だったからであろう。

しかし、おいしい話はそれほど長く続かなかった。餌付けによる弊害があまりにも大きかったからである。餌付けすることによってニホンザルは爆発的に増え始めた。さらに、人に慣れるにつれ、サルの行動がエスカレートして怪我人が続出するところも出てきた。餌付けされているとはいえ、野生のニホンザルであるから、周りの農耕地や人家を荒らすようにもなってしまった。

また、国民のレジャーが多様化する過程で、野猿公園そのものへの魅力も薄れてきたようだ。入園者の減少で経営破綻に追いこまれるところも増えて行く。多くの野猿公園は閉鎖に追い込まれ、一部はサファリパーク化することで被害を食い止めた。それでも現在、野生状態で餌付けを続けている野猿公園は一四園ある。温泉ザルの地獄谷野猿公苑もその一つだ（図3—1）。

■――なぜ餌付けをすると個体数が増えるのか

地獄谷で餌付けに成功したのは、一九六三年のことである。志賀A群と呼ばれる二三頭の群れであった。その後、個体数は増えつづけ、一九七九年に一二五頭に達したこの群れは、二つの群れに分裂する。ニホンザルは母系を単位とする群れで暮らす生き物であるが、群れの個体数があるレベルに達すると二つに分裂することが知られている。こうして個体数の増加と群れの分裂を繰り返し、冒頭に述べたように餌付けザルは三群、約三六〇頭にまで達した。餌付け開始から三十年あまりで約一六倍に増えたわけだ。

このような爆発的な個体数の増加は、各地の餌付けザルの群れでも観測されている。高崎山の場合では、最大増加率が年一一％を記録しているので、数年で二倍に膨れ上がる計算だ。しかし、本来、ニホンザルとはこれほど増える動物なのだろうか。この疑問に答えるには、自然の餌だけに依存している野生ニホンザルの群れを長期間追跡した研究が必要であるが、サル学の発展とはうらはらに、実のところ結論を一般化できるほど調査はされていない。しかし、これまでの研究でわかっているだけでも、せいぜい個体数の増加率は年一％前後である。また、積雪地方では大雪によって死亡率が高まったり、山の実りの周期によって繁殖率などが変化したりすることが知られ、長期的にはサルの個体数はあまり変化しないものなのかもしれない。

自然群と餌付け群との大きな違いは、ニホンザルがもつ個体群動態の特性によるものである。自然状態のニホンザルでは、最高で三十歳くらいまで生きる個体もいるが、平均寿命は十歳にも満たない。しかも、初産年齢は平均七歳くらいで、出産間隔も約二年であるため、そもそも増えようもない動物なのである。ところが、餌付けされると死亡率は低下し、また四歳で出産する個体も出現する。そのうえ、ほとんど毎年出産することが可能になるので、爆発的に増えてしまうのである。

餌付けザルが増える原因は、主に栄養状態が良いために繁殖率が向上し、死亡率が低下するからだといえる。事実、多くの野猿公園では、増加率を抑えるために、与える餌の量を減らすことで、一定の成果をあげている。しかし、それでも餌付けを続ける限り、個体数は増えつづける。なぜな

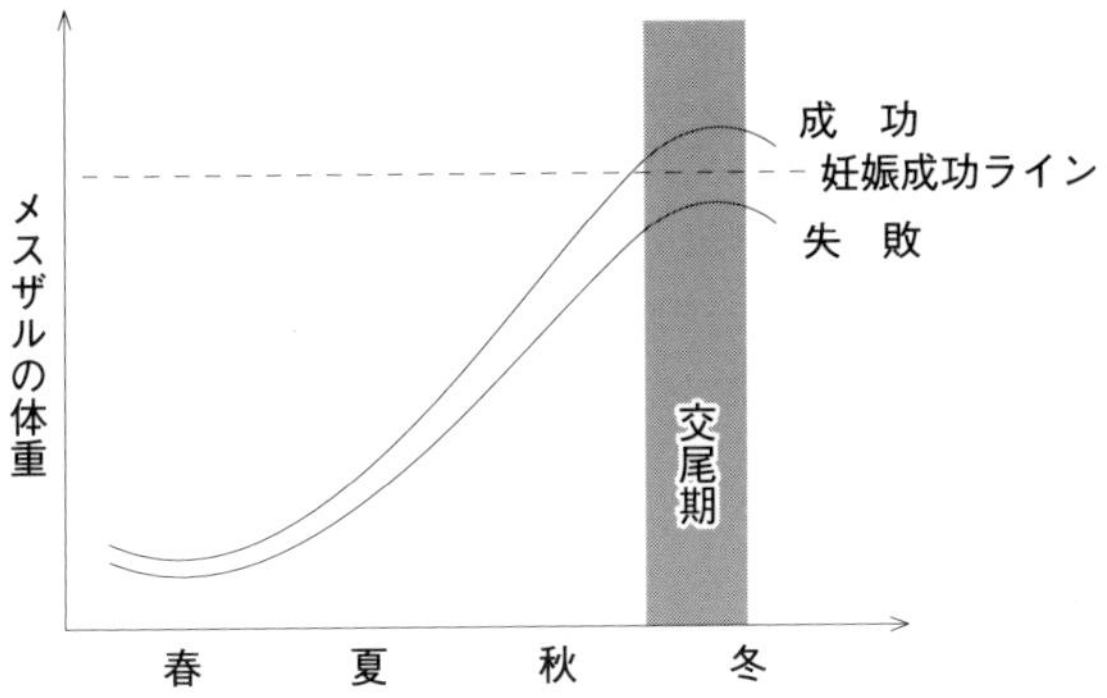

図３－２　栄養状態と繁殖の関係

のだろうか。

最近、ニホンザルの栄養と繁殖の関係を明らかにしたユニークな研究が発表された。民間の調査会社・野生動物保護管理事務所の研究員・森光由樹博士によるもので、ニホンザルが妊娠に成功するには、交尾期に脂肪をどれだけ蓄えたかが重要であるというものだ（注２）。

自然界では、ニホンザルの餌となるものの量は、季節によって大きく変動する。実りの秋には有り余るほど餌があっても、真冬には木の皮くらいしかなくなってしまうのである。そんな環境の中で進化してきたニホンザルは、代謝などを季節によって変化させる術を身につけている。とくに、餌の乏しくなる冬を越すために、夏から秋にかけては十分な脂肪を蓄えるようになっている。

ニホンザルに限らず、多くの野生動物の出産シーズンは春だ。次の冬が来る前にある程度コドモを自立させるためには、このときをおいてほかにはないからである。ニホンザル程度の体格を持つ霊長類では、妊娠期間が約六カ月。必然的に交尾期は、越冬前の晩秋となる。一年で一番脂肪を蓄えている時期である（図3―2）。

メスにとって妊娠とは一大事業である。胎内で一個の生命を育て上げるために大きなエネルギーが必要だ。しかし、ニホンザルにとってこの時期は自分を維持することさえ厳しい冬と重なる。十分な脂肪の蓄えがなければ、胎子と共倒れになりかねない。だから、越冬前の交尾期に蓄えられた脂肪の量によって、そのメスの妊娠の成否が決まるというのは極めて合理的なのである。

森光さんの研究によると、妊娠に成功するかどうかの境目は、体重にしてわずか数百グラムの差でしかない。これがすべて夏から秋にかけて蓄えた脂肪だとすると、一日あたり数十キロカロリーの余剰があれば十分である。これはサツマイモなら一本の半分にも満たない。ニホンザルは、これほど微妙なエネルギー的バランスの中で生きている生き物なのである。言い換えれば、この程度の餌付けがあれば、ニホンザルの繁殖率は飛躍的に向上することになる。つまり、個体数の増加は、餌付けザルの宿命とも言えるのだ。

■――餌付け禁止条例

問題を多く抱える餌付けであるが、ところで餌付けという行為自体は、そもそも悪いことなのだろうか。どこの都市公園でもハトなどに餌を与える姿を見かける。仮に「餌を与えないで下さい」などと看板が立っていようとも、多くの人はそれを悪いこととは思っていないようだ。

実をいうと、野生の動物に餌を与えるのは快感である。これはもしかしたら人間の本性的なものなのかもしれない。おそらく、餌付けとは、人間と野生動物のかかわり方の中で最も古くからある方法だったのではないか。家畜動物はすべて野生動物を人間が飼いならしたものであるが、家畜化するためには餌付けが重要な技術であったはずだ。もっとも、家畜化は人間にとっては有益な出来事だろうが、野生動物にとっては迷惑な話なのかもしれないのだが。

とにかく、人間は餌付けをやめることができないのではないかと私には思える。実際、餌付けをしてはならないという法律はないし、いまだ社会的規範として餌付けの問題は整理されていないと言えよう。

ただし、人間による影響力の大きさから考えれば、現代社会で餌付けが無条件で許されるということはないだろう。では、許容される餌付けとは、どのような場合だろうか。例えば、餌付けが野生動物の保護に役立つというような場合は、許されるだろうか。

野猿公園の場合を考えてみよう。餌付けをした最初の動機の一つは、ニホンザルを絶滅から救うというものであった。このこと自体は、非難されるべきものではない。現在でも、こうした絶滅のおそれのある野生動物は、行政によって積極的に餌付けされている現実がある。鹿児島県出水市のツルなどがそうだ。さらに、ニホンザルは現在でも地域的には絶滅危惧種である。ツルの餌付けが許されて、サルが認められないという理屈はない。餌付けによる弊害は、動物の種類を問わないからだ。

どうも、許容される餌付けを線引きすることはなかなか難しいようだ。

さて一方で、意図的ではない餌付けというのもある。人間が餌付けを意図していようがいまいが、自然界のものとは違う餌が手に入るのであれば、それは野生動物の側からは同じことである。だから、野生動物から見れば農業とは餌付けなのである。もし、農作物が自由に手に入るのなら、量の豊富さといい、カロリーの高さといい、田畑は「餌場」として最高の条件が揃っている。

もちろん、農家の方から見れば、これは「被害」である。しかし、被害の対策を何もせず作物を食べ放題にしたせいで、野生動物の個体数が増えて、さらに被害が拡大したとすれば、この農地の管理者は「被害者」でもあるが「加害者」にもなっているのである。同じことは、都会のカラスと住民が出す生ゴミとの関係でも言える。

このように、餌付けとは、ひとくくりで論じられるものではなさそうだ。しかし、どんな理由があろうとも、餌付けには少なからぬ問題が含まれていることは明白である。だから、許容される餌付けを考えるよりも、なんらかの問題を生じさせている餌付け行為を禁止することのほうが現実的なのかもしれない。ところが、では問題があるからといって、その行為自体を取り締まるとなると、行政は二の足を踏まざるを得なかった。何度も繰り返すように、こうした餌付けの是非について、明確な基準や根拠など無かったからである。

ところが、二〇〇〇年四月に栃木県日光市で、サルに対する餌付け行為を禁止する条例が制定された。全国でも初めてのものである。日光では、観光ルートとして有名な「いろは坂」や中禅寺湖周辺に生息する野生のサルが、観光客などによる餌付けで人馴れが著しくなり、最近では年間数十人が咬傷などで地元の病院へ担ぎ込まれていると言う。

「日光市サル餌付け禁止条例」は、条文が四か条の簡潔なものであるが、サルへの餌付け行為を「野生喪失の主原因である」と明快に断じ、餌付け行為の「禁止を宣言することにより、サルが本来の野生状態で生息できる環境を整備し、もって人間とサルの適正な関係を実現すること」をこの条例の目的としている。もっとも、違反者に対する罰則規定は、氏名などを公表するだけなので実効性には乏しいものの、このような餌付けに対する考え方を行政が明確にして、餌付け行為の監視活動などに根拠を与えるという姿勢は、大いに評価されるものだ。こうした条例の制定が、今後、各地に波及していくかどうかはまだわからないが、新たな餌付けの拡大を抑止していく上では、重要な武器になると思われる。

ただし、すでに営業目的で行われている餌付けをこうした手法で禁止して行くことは難しい。単純に餌付けを止めるだけでは問題が解決しないからである。これまでにも餌付けを放棄された群れが深刻な被害問題を起こしている例がある。また、石川県白山自然保護センターでは、餌付けされた群れを徐々に野生に戻す試みが始まっているが、長い時間と労力が必要と予想されている。

■――苦し紛れの避妊処置

さて、温泉ザルたちのその後である。間引き計画が中止されたことに対する地元の反発は大きく、またこのままサルを放置すれば餌付け群がさらに分裂して手におえなくなく可能性が出てきた。そこで、野猿公苑が苦肉の策として考えついたのは、サルの避妊処置であった。

放置すれば、翌年の春には五〇頭あまりのアカンボウが生まれるはずである。とりあえず、この数を減らさなければ大変なことになるので、イヌなどのペットでやられている技術をサルに応用してみようという思い付きであった。これならサルは殺さなくて済む。

この避妊処置計画に対する世論の反応は、おおむね好意的なものであった。また、研究者の方からも協力を申し出て、順調に計画は進む手はずとなった。一九九五年一〇月、地獄谷野猿公苑では、翌年出産する可能性のあるメス五〇頭に対して避妊処置を行った。今回の避妊処置は、学術研究を目的とした環境庁長官による捕獲許可で行われる実験的なものと位置付けられたが、わが国の野生動物に対してこれほど大規模に実行されたのは初めてのことである。

この避妊処置には、三つの方法が試みられた。腹腔鏡による卵管焼烙《しょうらく》術での不妊化(九頭に実施、以下同じ)、合成ホルモンの皮下注射による避妊(二五頭)、合成ホルモン製剤の皮下埋め込みによる避妊(一六頭)、である。このうち、卵管焼烙術とは、卵管(卵巣から排卵された卵子を子宮へ運ぶ器官)を電気メスで焼き固めることで、永久に妊娠できないようにするものである。それ以外の合成ホルモンによる避妊処置では、ホルモンの効力がなくなれば、再び妊娠が可能となる。ただし、この製剤自体は家畜用に開発されたもので、ニホンザルでの効果は未知数であるとともに、投与量によっては避妊に失敗することも予想された。結果的には、今回の合成ホルモンによる避妊成功率は七三%で、まずまずの成果と評価された。

避妊処置によって大幅に出産数を抑え込むことには成功したわけだが、それでもこれで餌付けによる問題が解決したわけではない。餌付けが続く限り、サルは増えようとするのだから、避妊処置はやり続けなくてはならない。しかし、個体群動態学的に言うと、避妊処置だけで個体数を制御することは難しい。

動物の個体数というのは、出産数だけで増減するものではない。生き物である以上、動物は毎年一定の割合の個体が死んでいく。例えば、ニホンザルの場合、生まれたアカンボウのうち二割くらいは冬を越せないし、それ以降も毎年五~一〇%くらいが死んでしまう。この割合は、餌付けによって低下することが知られている。

さらに、ニホンザルのオスは、通常四歳を過ぎると生まれた群れから出て行く生態がある。そして、別の群れに加入したり、離脱したりを繰り返すようだ。このようなオスの移出入によっても、サルの群れの個体数は変化する。

このように、動物の個体数は、生まれる数と死亡する数と移出入する数の相殺によって決まるものだ。だから、もしニホンザルの個体数を避妊処置だけに頼るとなると、大部分のメスを対象として長期間にわたる処置が必要となってしまう。しかし、このようなことをすれば、群れの人口構造は極めていびつなものとなることは避けられない。ましてや、サルのように高度な社会性を持つ動物の場合、社会行動などへ影響が出る可能性は否定できないのである。

個体数を抑制する目的で、避妊処置というのは、動物を殺さない方法として一般的な受けが良いことは確かである。しかし、野生動物を対象としたときに、本当にそれが彼らのためになっているかどうかは再検討が必要のようだ。だいいち、間引きは批判されるから、それなら避妊だという発想は、あまりにも安直過ぎた。

ただ、私がここで問題にしたいことは、餌付けザルの個体数抑制に避妊処置を用いることの是非論だけではない。それよりも重要なのは、そもそも野生動物に対して避妊処置を行うことは、許されてよいことなのかどうかである。

■——野生動物に避妊処置は許されるのか

今回の避妊処置の翌年、一連の餌付けザル問題を議論する研究集会が、日本霊長類学会の折に開かれた（一九九六年六月、大阪大学）。地獄谷野猿公苑での避妊処置が一定の成果をあげたことを受けて、すでにいくつかの野猿公園では避妊処置を導入することが検討されていた。だから、この研究集会での議論は、今後の餌付けザル問題を考える上で、重要な意味を持つものになると予想された（注3）。

この会議では、餌付けザルに対する避妊処置について、人間がサルを増やしてしまった以上、人間が責任をとるための方法としてやむを得ないという意見が支配的であった。しかし、私を含めた何人かの研究者は、このことに対して異を唱えた。避妊処置に対する私のおもな反対意見は、以下の三点である。

まず第一の意見は、たとえ餌付けされていても、野生動物に対して避妊処置は行うべきではないというものだ。実は、この会議でも、餌付けされていない純野生のニホンザルには避妊処置をすべきでないということは支持されていた。一方で、野猿公園のサルは人間によって管理されているので、このような「半野生群」に対する避妊処置は否定されるものではないというのだ。

しかし、餌付けされていようがいまいが、わが国の法律では人間の占有下にない動物は野生動物である。公共の財産と言える野生動物に対して、私企業や研究者個人の勝手な判断で、繁殖を制御することなどあってはならないはずである。こうした野生動物個体群の保護管理は、行政責任によって科学的計画的に実施すべきであることは、当時としても常識になりつつあった。餌付けされたサルといえども、地域社会に対する合意形成や情報公開を行って、科学的な保護管理計画のもとに対策を実施していく必要があるのだ（第2章参照）。

ただ、こうした計画に基づけば野生動物は避妊処置しても良いのだろうか。わが国の法律上、このような事態は想定されてこなかったので、結局のところ避妊処置に対しては何の歯止めもないのが現状だ。そこで第二の意見は、こうした歯止めのない現状で避妊処置が普及して行けば、悪用される可能性があるため、行うべきではないというものである。

野猿公園に限らず、農作物被害の対策などでサルを間引いたり殺したりすることに対する批判はどこでも問題となっている。地方自治体にとっては、サルの処分は頭の痛い問題なのである。一方、避妊処置に対する世論は「野生動物にやさしい方法」と好意的だ。当然、野生の群れに避妊処置をしようという意見が出るに決まっている。

研究者の間で避妊処置は餌付けザルに限るといくら言ってみたところで、法的な規制のない中で、どうしてそれが歯止めになるだろうか。ましてや、世界に誇る日本のサル学者たちが避妊処置をやったということになれば、社会的影響は計り知れないものとなるはずだ。

しかも、避妊の技術はサルを一頭も殺すことなく、野生の群れを絶滅に追い込むことさえできるのである。実際、野生群を餌付けすることで群れを一網打尽にすることは可能だ。そうして、年齢を問わずメスを不妊化すればよい。あとは彼らを野生に帰すだけで、今後一切この群れからはコドモが生まれることはなく、いずれ滅びてゆくだろう（注・けっして真似をしないで下さい）。

以上は、避妊処置に対する技術的な批判である。しかし、これではここでの「野生動物に避妊処置は許されるのか」という問題設定に答えたことにはならない。私自身、この問いかけに対する答えをきちんと用意できているわけではないが、ただ「野生動物」と「避妊処置」の間に論理矛盾が存在することは指摘しておきたい。これが第三の意見である。

つまり、避妊処置をされた動物を「野生動物」と呼ぶことができるのだろうかという問題である。畜産学では、野生動物の生殖をヒトが管理し、その管理を強化して行く過程を「家畜化」と定義している（注4）。そうであるなら、避妊処置を行うことで生殖を制御されている野生動物は、もはや「家畜化」された動物に過ぎないのではないか。この脈絡からは、野生動物を「野生」のまま、存在させようとするのであれば、避妊処置は許されるべきではないと帰結される。

野生動物に対する避妊処置の問題の是非とは、人間が彼らを野生動物として扱うつもりなのかどうかに掛かっているように思える。餌付けザルについていえば、もし家畜化されたサルとして扱うのであれば、「半野生」などというあいまいな位置付けは許されるべきではなく、当然そこで発生している被害問題なども含めて一切の管理責任を野猿公園は担わなければならないだろう。

しかし、結局こうしたことがあいまいのまま、この年も地獄谷の温泉ザルたちへ避妊処置が行われ、そして翌年からは大分県高崎山での避妊処置が始まることとなる。

■――避妊処置の拡大

十分な議論も法制度的な裏付けもないままに、餌付けザルへの避妊処置は各地の野猿公園に広がっていった。特に、大分県高崎山での避妊処置の実施は、大きな社会的影響を与えた。高崎山は、国の天然記念物に地域指定され、生息数も二千頭を超えるわが国最大の野猿公園である。しかも、その方針を打ち出した大分市高崎山管理委員会のメンバーには、生態学や霊長類学の権威が名を連ねている。世論の支持は確実であった。

もっとも心配された社会的な影響は、避妊処置が餌付けザルに留まらず野生群にまで拡大されることである。これまでも述べたように、餌付けザルへの避妊処置推進派の研究者でも、野生群への適用はやめるべきであると主張している。この点の論理矛盾についてはすでに指摘したとおりだが、現実的な問題として、法制度上の規制がない以上、野生群への適用を禁止できないことは明白であった。ましてや、世論が野生動物への避妊処置に好意的である以上、被害問題と動物愛護の狭間に悩む自治体にとっては起死回生の策に見えるはずだ。

そうした状況の中、ついにある県が全国で初めて野生ニホンザルの被害対策に避妊処置を導入する方針を発表した。当時の新聞の見出しには「野生動物を優しく管理」「増エンよう雌に避妊手術」（一九九八年六月二八日付、日本農業新聞）と書かれた。これは、県の資料によると、高崎山などでの避妊処置が法的に問題ないため、年間一七五万円の予算で七〇頭ずつ避妊手術を施して野生に帰すという三年計画の事業である。

実は、この前後に複数の県から私のところへも野生ザルの避妊処置について相談があった。私は、こうした形で無制限に野生動物の避妊処置が拡大して行くことに危機感を持ったため、さっそくこの県に対して個人的に反対の意見書を提出した。意見書への対応はきわめて誠実で、担当者の方々がわざわざ東京の私の研究室にまで説明に来られた。

その後、日本霊長類学会霊長類保護委員会や京都大学霊長類研究所野外委員会といったところからも反対の意見書が提出され、結局、この県は事業の凍結を決断することになる。しかし、これで何かが解決したわけではない。相変わらず、なぜ高崎山のサルで許されることが他のサルでは認められないのか、という誰もが思う疑問を消すことはできないのである。ここで明らかになったことは、餌付けザルとそれ以外のサルを区別する研究者の考え方が、世の中では通用しないということだけである。

一九九九年の鳥獣保護法改正に伴って、環境庁長官が定める鳥獣保護事業計画の基準が大幅に改訂された。このなかで、初めて野生動物に対する避妊処置は、原則として行わないことが明記された。ただし、法律自体に規制がないため、違反者に罰則があるわけではない。また、ここでも「野生動物に避妊処置は許されるか」という問題に答えは出されていないのである。

■――コアラの避妊処置

高崎山の避妊処置がマスコミで取り上げられたころ、もうひとつ野生動物の避妊処置について世界的に話題となった事件があった。オーストラリアのコアラの問題である。

話題の発端は、南オーストラリア州にあるカンガルー島で（図3―3）、コアラの個体数が増加して自然植生とのバランスが崩れてしまったことだ。このまま放置するとコアラが大量に餓死するお

図3－3　カンガルー島

それもあるので、間引きが必要であると州政府が発表するやいなや、世界的なアイドルとも言えるコアラを間引きするとは許せないとして、国内ばかりか世界中から非難が押し寄せた。特に捕殺に反対する人たちは、人道的な方法としてコアラに避妊処置を行うように主張したのである。

結局、州政府当局もこれを認めざるを得なくなり、コアラへの避妊処置を決断した。この顚末は、わが国でも好意的にマスコミで紹介された。むしろ野生動物への避妊処置を「普及」させたのは、この一連の報道だったのかもしれない。しかし、私の見る限り、このコアラ問題と餌付けザル問題とは本質的な違いがあり、しかも以下に述べるように、その重要な部分がわが国には紹介されていないように思える。

まず第一に、問題のコアラは「移入種」であるということである。移入種とは、もともとその地域に生息していなかった生物種が、人為的に持ち込まれたもののことである（第6章参照）。つまり、このカンガルー島にはもともとコアラはいなかった。現在わかっている限りでは、一九二〇年代に移民たちが持ち込んだコアラが定着したようだ。

生態系を保全するという立場では、このような移入種に対する対策の目標は、唯一、根絶である。しかし、州政府では動物福祉の問題や実現可能性を考慮して、緊急に個体数を減らすための間引きを提案したのである。

しかし、間引きに対する世論の支持は得られなかった。そこで、避妊処置の導入を受け入れたのである。実は、オーストラリアやニュージーランドでは、このようなヨーロッパからの移民たちが持ちこんだ移入種問題が深刻となっていて、その対策として避妊処置の研究が盛んに行われている。対象となるのは、シカやウサギなどの野生由来の動物から、ヤギやネコなどの家畜由来の動物までさまざまである。いずれの場合も、駆除だけでは根絶が難しいために、避妊技術の応用が検討されているのだ。

今回のコアラに実施された避妊処置の手法は、メスには卵管結さつ、オスには精管切除が選択された。永久的な不妊化処置である。この手法が採用された理由は、このコアラたちが移入種として将来は排除されるべき野生動物であり、しかもコストパフォーマンスが最も良いためである。

第二に、オーストラリアでは野生動物の管理責任が州政府（行政）にあることだ。これこそが、ワイルドライフマネジメントにおける最も重要な点である。わが国では、法制度上、管理責任が明確に規定されていない。餌付けザルのケースでも責任の所在が常にあいまいで、しかも避妊処置を研究者が勝手にやっているのである。コアラの避妊処置では、行政責任の元で科学的、計画的に実行されるので、悪用される心配は少ない。

第三に、ワイルドライフマネジメントで欠かせないことだが、政策決定のプロセスがシステムとして民主的に行われているということだ。わが国ではこうしたシステムが未発達であり、避妊処置を導入することの是非が民主的に議論されたことはない。

今回のコアラ問題では、解決手段として州政府から複数の案が提示され、多様な意見によって実行計画が決定されている。一九九六年に公表された州政府の提案書には、八つのマネジメント・オプションが示されている。それは、①何もしない、②植生保護フェンスによるコアラの排除と植生の回復、③避妊処置、④移住、⑤病原体の導入による死亡率の増加、⑥飼育下への収容、⑦捕殺、⑧教育、である。それぞれのオプションには、メリット、デメリットなどが解説されている。

この提案書は、インターネットを通じて世界中に配信され、誰でもが州政府に意見を言うことができる。このような手続きを通じて、最終的なオプションの組み合わせを決定するのだ。ただし、オプションの①と⑤については、提案書の中で州政府として受け入れがたいと明記されている。また、③の避妊処置に対しては、技術的に確立していないこと、将来の繁殖率しか制御できないこと、個体群の減少率が緩慢であることなど、デメリットが多いことを指摘している。

結局、州政府は②、③、④、⑧の組み合わせによって問題解決をはかることにした。現在、コアラ・レスキューと呼ばれるプロジェクトをＮＧＯと協力して立ち上げて、実行しているところだ。ところで、この問題に関するわが国での報道では、ことさらに避妊処置が強調された感がある。しかし、実際には避妊処置はオプションの一つとしか位置付けられていないのである。

　このようにコアラ問題を見てくると、野生動物への避妊処置という同様の問題といえども、わが国のケースとは比べようもない違いがあることがわかる。最も大きな違いは、避妊処置に至った原因が、コアラ問題ではすでになくなっていることである。つまり、今後、新たにコアラがこの地域に移入されることはない。あとは、コアラを減らしながら植生を回復すれば良いのである。しかし、わが国のケースでは、原因である餌付けや農作物被害の問題を先送りしているに過ぎない。問題解決の道筋が立たない理由もここにある。

■──アメリカでのガイドライン

　海外の幾つかの国では、行政責任の元に一定の基準を設けることで、野生動物への避妊処置を許容している。これは、動物の権利を主張する勢力が、民主的な意思決定のシステムの中で、一定の力を持っているためである。動物の権利を認めるか否かは、本書の主題ではないが、どこの国でも社会的な規範としてはいまだ確立しているとは言えない。同じことは、例えば野生動物への避妊処置に反対する私の意見に対しても言える。つまり、人間による生殖の管理が行われた動物は、もはや野生動物とは言えないことを私は反対する根拠としているわけだが、この主張も現状では社会的な規範とまでは認められていないだろう。このように、白黒がはっきりつかない問題に対しては、多くの場合、どこかに妥協点を見出さざるを得ない。

今後、世界中の工業先進国の社会では、野生動物を殺すことに対して嫌悪感を持つ人々が増加しつづけると予想される。野生動物に対する避妊処置が支持されるのは、このような状況での必然なのだろう。ワイルドライフマネジメントでは、政策は科学的な根拠によって実行されることが求められるが、一方で科学的な政策が必ずしも市民に受け入れられるとは限らない。しかし、だからといって民主的に決められた政策を無批判に実行して良いことにはならない。結局のところ、当面の妥協点は、議論を継続しつつ、一定の基準を設けて避妊処置を許容することしかない。もっとも、くどいようだがわが国ではこのような基準以前のシステムが整備されていないので、お話にならないのだが。

野生動物に対する避妊処置の基準としては、一九九四年に公表されたアメリカ野生動物獣医師会のガイドラインが挙げられる。このガイドラインでは、以下の基準にすべて合致した場合に限り、野生下における野生動物個体群の個体数コントロールに避妊処置を許容すると勧告している（以下は、著者の責任おいて抄訳）。
① 避妊処置の対象種が、米国魚類野生生物局（the US Fish and Wildlife Service）および国際自然保護連合（IUCN; the World Conservation Union）から絶滅のおそれのある種または亜種に指定されていないこと。さらに、避妊処置の対象は、分布が明確な地域個体群に限定されていること。
② 避妊処置によって、全体として種または亜種の遺伝子プールを変更しないこと。（訳注・要する

に、避妊処置によって遺伝的な攪乱を起こしてはならないということ)
③ 年齢構成や行動への影響などを含め、個体群またはサブ個体群の動態における避妊処置の長期的および短期的影響をモデル研究で評価していること。
④ すべての避妊処置に使用される薬物や投与方法が、それぞれの種および環境に与える影響(訳注・いわゆる環境ホルモン作用を含む、以下も同様)が充分に考慮されていること。
⑤ 避妊処置に使用される薬物は、処置した個体、生息地を共有する他の種、あるいは捕食者や分解者、さらに処置した個体を消費する人間のいずれにも悪影響を及ぼさないものであること。
⑥ 避妊処置に使用する薬物は、対象種にのみ効果があり、それ以外の種に移行しないものであること。もし、それが不可能であるならば、避妊処置を実行する以前にその薬物の非対象種に対するリスクアセスメントが実施され、評価されていること。(訳注・合成ホルモン剤を使用した場合、その個体の捕食者たちは合成ホルモンを摂取することになるため)
⑦ 避妊処置の実行者は、状況ごとに、適切な管理機関と野生動物当局によって、評価過程を経た充分な市民の合意形成のもとで、事前に評価された者であること。
⑧ 避妊処置計画の必要経費は、行政または直接の受益者が負担すること。

一読して、圧倒される基準である。この基準を事実上満たすことのできる避妊処置計画とはどのようなものか、私は想像だにできない。もちろん、だからといって避妊処置に対する私の意見が変わるわけではない。少なくともこの基準から、わが国は避妊処置を社会が許容する条件としての厳格さを学ばねばなるまい。

■——違法捕獲発覚事件

さきほど指摘したように、餌付けザルに避妊処置をしたところで、肝心な問題は先送りされたままだ。また、個体数を減らすほどの避妊処置をやりつづけるとしても、その労力や予算を維持するのは並大抵ではない。結局、地獄谷野猿公苑では、緊急に個体数を減らすため、一九九七年に一群を捕獲して中国の繁殖センターへ寄贈することになった。

一方、高崎山では餌の削減や避妊処置によって個体数の増加率を抑制しつつ、今後の方策について検討することになった。ところが、その矢先にとんでもない事件が発覚する。高崎山周辺で農作物などを荒らすサルが、一九九四年から一九九六年の三年間で二百頭以上も大分市によって無許可で駆除され、しかもそのサルたちが大分医科大学に実験動物として供給されていたというのである(一九九九年九月一一日付、大分合同新聞)。

国の天然記念物に指定された高崎山で、保護されているはずのサルたちがなぜ駆除されているのか不思議に思われるかもしれない。しかし、高崎山はサルの生息地として地域指定された天然記念物なので、その指定地域から一歩でも足を踏み出したサルは、即座に有害駆除の対象になるのである。ただし、害獣だからといってむやみに駆除することは許されてない。

この事件は、高崎山の管理のあり方そのものの信頼を失墜させた。表向きには、科学的な調査に基づいて餌付けの量を決めたり、避妊処置をしたりして個体数のコントロールを行っていながら、裏ではでたらめに駆除を繰り返していたのだから当然であろう。大分市高崎山管理委員会は、この事件を受けて、①七〇頭を上限に有害駆除で捕獲したサルを大分医科大学へ実験動物として供給することを容認する、②早急に今後の管理方針を検討する、という二点を決定した。

高崎山の管理方針は、一貫してサルを殺さないということが前提になっている。そのために、あの手この手が試されてきたわけだが、捕獲した個体を実験動物へ供給することは容認した。しかし、供給された多くのサルたちが実験殺されることは明白であり、ここに大きな論理矛盾を感じる。

しかし、この点についてはここで問題にはしない。むしろ、高崎山での管理方針が社会に与える影響として指摘しなければならないのは、野生ニホンザルを実験動物として利用してもかまわないと明確に宣言したことである。ここでいう実験とは、代用ヒトとしてサルを用いる医学実験を指す。これまで、日本霊長類学会では野生の霊長類を実験に使うことは避けるべきだと主張してきたので、高崎山の判断はこれを覆すものだ。もっとも、高崎山のサルは「半野生」だから容認できるというのなら論外ではあるが。

■——野生動物を実験に使ってよいか

ところで、野生動物を実験動物として利用することは、許されないことなのだろうか。実験動物学の立場から言えば、教科書にも野生由来の動物の取り扱い方が書かれているので、排除される考えではないだろう。ただし、それでも問題点は指摘できる。

まず、野生動物はどのような病原体を持っているのかわからないことである。これは検疫をすることである程度解決されるが、危険は伴う。実際、アメリカの実験動物施設では、野生由来のサルからウイルスが感染して飼育技術者が死亡する事件が起こっている。

次に、野生由来の動物は、遺伝的な背景がわからないことが問題である。マウスやラットなどの実験動物では、近親交配などによって特定の遺伝子をもつ純系が開発され、個体差をなくすことで実験の精度を上げているのだ。だから、野生のサルで実験することは、マウスやラットの代わりに野生のハツカネズミやドブネズミを捕まえてきて実験するのと同じで、そのデータの精度には限界があるといえる。しかし、このような問題があっても、野生のサルに対する実験動物としての需要はある。それは、タダだからである。

野生の霊長類の多くが絶滅に瀕しているため、野生生物の国際商取引を規制するワシントン条約（絶滅のおそれのある野生動植物の種の国際取引に関する条約）では、すべての霊長類の種は取引規制が義務付けられる附属書に掲載されている（第4章参照）。こうした制約があるため、いくつかの国では野生個体を利用しなくてもすむように、実験用霊長類の繁殖施設を作っている。しかし、霊長類はマウスなどと比べれば繁殖力が低く、また体が大きいので、生産コストが高くつく。ニホンザルクラスの霊長類では、どんなに安くとも、一頭二十万円は下らないだろう。それが、駆除された野生のニホンザルならタダで手に入るのである。

動物実験がいくら人間の福祉に貢献するからと言って、無制限には認められない。ましてや、野生動物を実験動物として利用する場合には、その対象動物の保護に反するようなことは許されない。たとえ駆除された個体とはいえ、野生のニホンザルが実験用動物の供給源と位置付けられてしまえば、乱獲されるおそれがあるからである。

こうした観点から、ヨーロッパではすでに一九八六年にEC（現在のEU）理事会決議に基づく動物実験指針で「野生動物を使用する以外に意図する結果が得られない実験を除いては、野生動物の使用を禁止する」と定めている。最近、国内でも原則的に自家繁殖した個体以外は実験に使用しない方針を定めた実験動物施設も出てきた。おそらく、動物実験を行う研究者の中でも、野生動物を積極的に利用したがるものは皆無であろう。だから、もし今後もサルなどの野生由来の動物を実験に利用するのであれば、必要なのはこれを生産する繁殖施設であるはずだ。そうであるにもかかわらず、こうした施設がなかなかできないために、増えたサルの処理に困る野猿公園と医科大学の利害が一致して、実験動物の供給を容認させたといえよう。

実は、環境省では、実験動物として利用する目的で野生動物を捕獲することを許可していない。

もちろん、これは動物実験そのものを規制するためではない。ニホンザルに限らず狩猟対象となっていない野生鳥獣は、基本的に流通を前提とした捕獲が認められないからである。ところが、有害鳥獣駆除で捕獲された個体については、その利用について事実上制限がない。そのため、駆除されたニホンザルが実験動物に供給されてしまうのである。こうした矛盾は、法制度が不備であることから起こるもので、早急な改正が必要である。ただし、今回の高崎山管理委員会の決定は、法律そのものに違反する可能性もある。それは、有害駆除個体が実験動物として利用されることを前提としているからである。

鳥獣保護法では、申請した目的以外の理由で野生動物を捕獲することを禁じている。つまり、実験動物に供給するために有害駆除を行ってはならないのである。もっとも、農作物に被害が出るから駆除したまでで、捕獲した後に医科大学に譲渡しただけだ、と言えばその通りである。しかし、あらかじめ医科大学に供給する方針を明言しているのに、それが目的ではないとどうして言えようか。

その後、世界で最も権威があるとされるイギリスの科学雑誌「Nature」は、こうした野生ニホンザルの駆除個体が医学実験に流用されている実態を報道した（二〇〇〇年一一月一六日号）。この記事の国際的な反響は大きく、関係機関や日本政府に対して抗議が多数寄せられているという。また、この直後に熊本県や岐阜県の業者が、地方自治体からニホンザルの有害駆除を請け負い、捕獲したサルを全国の大学医学部や医学研究機関へ違法に販売している実態が明るみに出た（二〇〇〇年一二月二四日付、朝日新聞)。

こうした背景を受けて、環境省はその後、生け捕りされた駆除個体の扱いについて、特定鳥獣保護管理計画制度のガイドラインで、原則的に安楽死させることを決めた。

■――餌付けザルの将来

これまで餌付けザルの問題は、野猿公園という施設のあり方の問題として議論されてきた。野猿公園は単なる見世物施設から野外博物館へ脱皮すべきであるといった意見が出るのもそのためである。また、野猿公園が営業目的で餌付けをしてサルを増やしたのだから、捕殺による間引きは「道義的に」あるいは「イメージダウンになるから」できない、といった論の展開となる。しかし、よく考えれば明らかなように、こうした議論は餌付けをやめてしまわない限り、永遠に続くことになる。問題は、多くの野猿公園がすでに餌付けをやめようにもやめられないという現実にあるのだ。だから、餌付けザルの将来を考える場合には、ことの善悪は別として、餌付けが続くことを前提に議論しなければ仕方がない。

日本霊長類学会霊長類保護委員会は、一九九八年に「野猿公園のあるべき姿についての提言」を公表した。この提言は、新たな野生ニホンザルへの餌付けは避け、また、既存の野猿公園は自然教育に貢献すべきであるとの基本理念を示した。そのうえで、野猿公園の運営にあたっては助言機関を設置して、適切な個体数管理を行うことなどを求めている（注5）。

この提言は、専門の学会として餌付けザルの問題に一定の見解を示したものとして評価される。しかし、餌付けザルの管理責任を野猿公園とその助言機関にのみ求めていることに対しては、疑問を感じる。もちろん、営利を目的にサルを餌付けしてきたことに対して野猿公園に道義的責任は問うことができよう。けれども、道義的責任があるからといって野生動物としてのサルの管理責任まで問うのは問題である。なぜなら、野生動物は公共の財産であるからだ。

餌付けザルの問題を整理するには、野猿公園という施設のあり方から考えるのではなく、餌付けザルを地域社会がどう位置付けるか、という問題から出発すべきだろう。つまり、野生動物として扱うのか、飼育動物として扱うのかである。飼育動物として扱うのであれば、おのずと野猿公園はサファリパーク化する以外に方法はない。飼育動物であれば、倫理的な問題は別として、個体の扱いは野猿公園の責任である。避妊手術するのに許可はいらない。

一方で、野生動物として扱う道を選択するのであれば、基本的に管理の主体は知事となる。個体数の管理も、餌付けされている群れが所属する地域個体群の保護管理計画に基づいて行われなくてはならないだろう。二〇〇〇年から施行になった鳥獣保護法に基づく特定鳥獣保護管理計画制度では、このような地域個体群の保護管理計画に、情報公開と政策決定への住民参加を定めている。野猿公園は、こうして決められた保護管理計画に従わなければならない。

もちろん、餌付けを続ける限りサルは増えつづける。保護管理計画では間引きを決断することになるだろうが、野生動物として扱う以上、仕方がないことだ。当然、反発もあるだろう。そのときには、地域でこの餌付けザルたちを野生動物として存在させるにはどうすればよいのかという視点で議論すべきだ。野猿公園のあり方の論議は、餌付けの中止も含めて、この中でじっくりとやる必要がある。実は、こうしたオープンな議論の場がこれまで保証されてこなかったことこそ、餌付けザル問題の致命的な欠陥だったのである。二〇〇〇年四月、長野県がニホンザル保護管理計画を策定したのにともなって、温泉ザルの地獄谷野猿公苑は、この道を選択した。(注6)

(注1) 野猿公園問題の詳細に関しては、野生生物保護学会の機関誌『ワイルドライフ・フォーラム』1998年3巻4号で特集「ニホンザル野猿公苑：反省と展望」が組まれている。
(注2) 森光由樹(1997)「野生ニホンザルにおける妊娠診断法の確立とその生息環境評価への応用に関する研究」日本獣医畜産大学・博士学位論文
(注3) ここでの会議録は、日本霊長類学会・霊長類保護委員会発行のニュースレターNo.7(1997)に全文掲載されているので、詳細は参照していただきたい。
(注4) 1989年訂正版『畜産大事典』(内藤元男監修、養賢堂)による。
(注5) 詳細は、日本霊長類学会・霊長類保護委員会ニュースレターNo.8(1998)
(注6) 本章では、人工的な餌を野生動物が摂取することを、すべて「餌付け」という言葉で統一した。(財)日本自然保護協会保護委員会動物小委員会(1978)『野生動物の餌付けを考える』同協会資料第10号、では、「餌付け」とは「ある動物を対象にそれが本来の食性であると否とにかかわらず、人間が意図的に何らかの餌を与え、その餌に慣れさせ、その動物の持つ本来の行動のパターンを変えるもの」と定義して、「単に生きていく上に必要な食物を補給す

ることで、対象動物の行動を規制するといった意図はまったく含まれない行為」としての「給餌」と厳格には区別されるとしている。この定義は、人間の行為を評価する視点からのもので尊重されるべきだが、野生動物の立場からは明確に区別されないことなので、すべて「餌付け」とした。

第4章　商業利用問題

密輸されたオランウータンの子ども（写真提供：小関左智氏）

1　ワシントン条約と密輸問題

■――オランウータンの帰国

二〇〇〇年二月二日、大阪国際空港からオランウータンの子ども四頭が母国インドネシアへ帰国した。このオランウータンたちは、前年に大阪のペットショップで違法に販売されているとして保護された、いわば「被害者」である。

オランウータンをはじめとする希少動物の多くは、「絶滅のおそれのある野生動植物の種の保存に関する法律（以下、種の保存法）」で原則的に販売が禁止されている。しかし、この事件を起こしたペットショップでは、堂々と広告まで出して売ろうとしていたために摘発された。実は、こうした事件は後を絶たないのだが、今回はあまりにも悪質であり、またそれに対する行政の対応がずさん過ぎるために、野生動物保護にかかわるＮＧＯが一斉に批判の声をあげた。その動きに、多くのマスコミも過去に例を見ないほど反応した。

このような世論の後押しがあったためか、この業者に協力した密輸ブローカーに対しては、刑事告発により前例のない実刑判決が下り（現在、控訴中）、また「被害者」たちの帰国費用を負担するという画期的な結末に至ったのである。

図4－1　オランウータンの分布

こうした経緯で、今回のオランウータンの帰国が実現したわけだが、彼らはそのまま野生に帰れるわけではない。日本などにペットとして密輸されるオランウータンの子どもは、まだアカンボウのうちに密猟者によって親を殺されているために、ほとんど野生で生活するすべを知らない。生後四～五年は親に哺乳されて育つこの動物にとって、親から引き離されることは致命的なのである。そこで帰国した四頭は、インドネシア政府の運営するリハビリセンターへ収容されることとなった。

彼らを受け入れたワナリサット・オランウータン・リハビリセンターは、インドネシアのカリマンタン島にある（図4―1）。ここでは百頭を超える子どもたちが野生復帰のための訓練を受けている。この周辺の地域個体群が二千～三千頭と推定されていることを考えると、いかに密猟が脅威になっているかがわかる。しかし、ここで訓練を受ければ、必ず野生に帰れるというわけではない。それどころか、これまで収容された個体の内、三〇%以上がここで死亡しているという。人間の世界にいるうちに、結核などに感染してしまっている個体も少なからずいる。

しかも、急激な森林開発の結果、すでにこのリハビリセンターの周辺には帰る森がなくなってしまっている。さらに一九九七年に起こった大規模な森林火災も追い討ちをかけている。こうした生息地の破壊によって、過去二〇年あまりでオランウータンの個体数は半減したという報告さえある。

一般論として、個体数が激減している状況では、密猟された子どもたちを再び野生へ帰すこと自体には大きな意義がある。しかし、一方で、生息地の減少をくい止めない限り、その努力は無になるばかりである。なによりも、密猟そのものを緊急に止めねばなるまい。このままでは絶滅するおそれが高く、時間的猶予はないのだ。

■――ワシントン条約

このような希少野生生物の密猟をなくすためには、原産国での取り締まりの強化が必要である。しかし、密猟された個体の多くは原産国で利用されるわけではなく、それを「消費する」国の存在が問題となる。また、原産国でいくら合法的に捕獲が可能でも、消費国での需要が過大である場合には、その野生生物を絶滅させてしまうおそれもある。実は、この消費国の代表格が日本なのである。希少な野生生物の輸入件数だけでも年間約三万五千件にのぼり、国民一人あたりの野生生物消

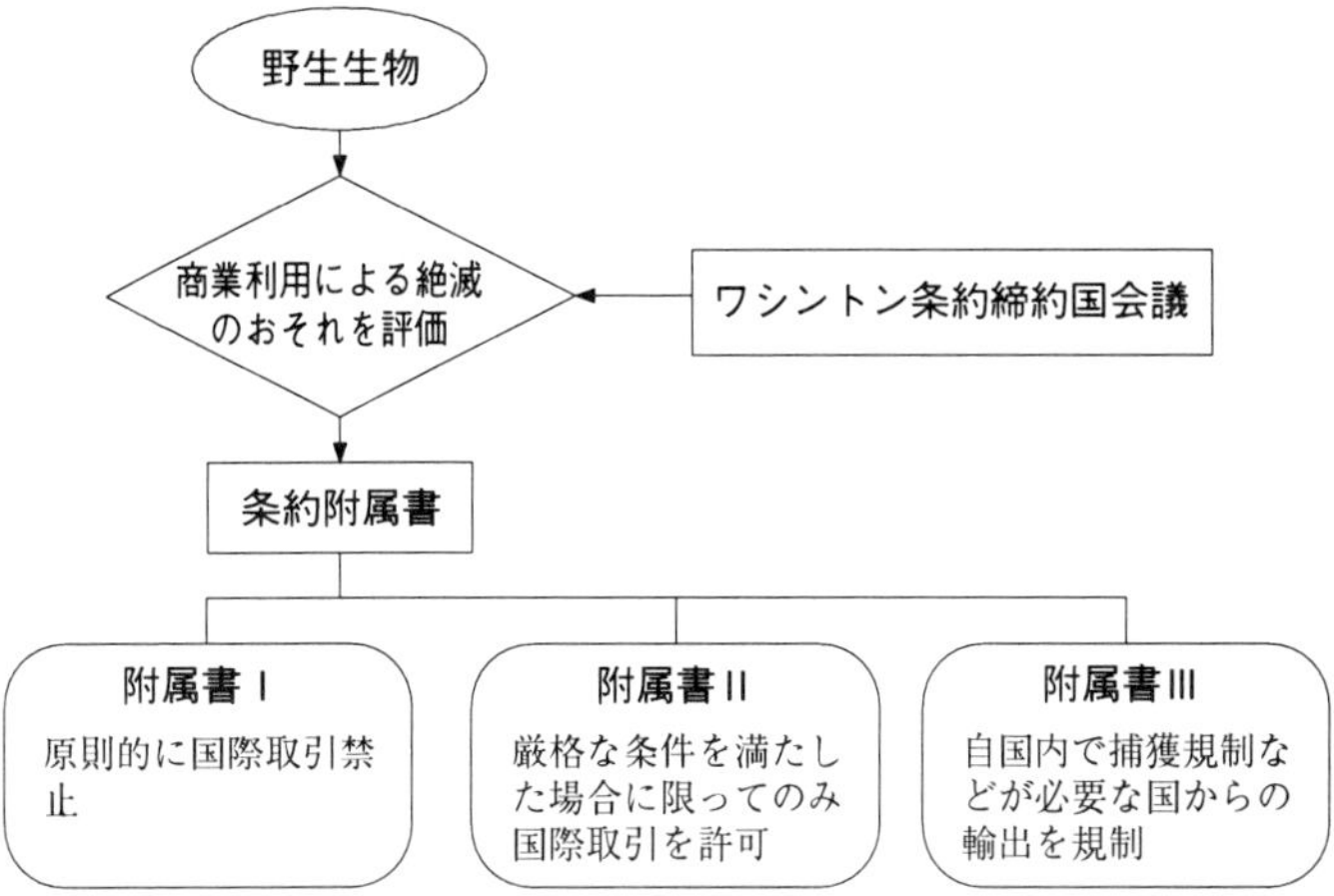

図４－２　ワシントン条約概念図

費量は世界最大である。

現在、地球規模での野生生物の絶滅スピードは未曾有の勢いで、その大きな原因の一つが人間の利用による乱獲であると考えられている。少なくとも、こうした乱獲による絶滅を回避するためには、絶滅のおそれのある野生生物の利用に一定の制限を設ける必要がある。そこで考え出されたのが、原産国と消費国との国際取引を規制する条約であった。これが、いわゆるワシントン条約である。

正式な名称は、「絶滅のおそれのある野生動植物の種の国際取引に関する条約」で、一九七三年に米国ワシントンで締結された。英名の頭文字を取って、「ＣＩＴＥＳ（サイテス）」と略されることが多い。ワシントン条約は、現在では一五一カ国が加盟し、条約としては世界最大規模のものである。

ワシントン条約の仕組みはこうだ(図４―２)。まず、絶滅のおそれのある野生生物の種の生息状況を科学的に評価して、その絶滅の危険度から3ランクに分ける。そして、国際取引されることによって絶滅するおそれが現実にある種を、条約の附属書Iにリストして、ここに掲載されたものは原則的に国際取引を禁止したのである。附属書IIには、商業的な国際取引によって絶滅のおそれが生ずる種がリストされ、これらは厳格な規制の元に国際取引を認める。また附属書IIIには、現在のところ絶滅のおそれはないが、自国での捕獲規制が必要で、しかもその取締に締約国の協力が必要な種がリストされ、これらは一定の規制の元に国際取引を認める。

ところで、ここで注目されることは、ワシントン条約でいう「種」とは、分類学上の種に留まらず、亜種や地理的に隔離された地域個体群までをも含む概念と定義されていることだ。これは「遺伝子の多様性」を保全する意義を宣言した先駆的な思想として評価されるもので、条約締結以降、三〇年近くが経過してなおお種のレベルを越えられないわが国の野生生物保護法制度とは比べようもない。

このように当時としては野生生物保護に画期的な国際条約が締結されたわけだが、問題は消費国の動向であった。せっかくの条約も批准されなければ意味がないからである。幸い、日本などの消費大国を含む八一カ国が調印した。実は、この条約の背景には、前年にスウェーデンのストックホルムで開催された国連人間環境会議がある。地球環境問題を世界の共通認識とした史上はじめての首脳会議だ。このときに絶滅のおそれのある野生生物の保護とその国際取引規制の意義が確認され、ワシントン条約を成立に導いたのである。消費大国の多くは先進国で、この国際的な認識を無視するわけにはいかなかった。

しかし、その後わが国はこの条約を批准せずに、七年間も放置することになる。これは、それまで野生生物の商業利用を続けてきた国内業界の調整に時間がかかったためである。しかも、批准の際にわが国は条約で義務付けられている「管理当局」に通産省（現・経済産業省）を指定した。この管理当局とは、自国のために条約に基づく輸出入の許可証や証明書を発行する役割がある。つまり、本来、輸出入を監視したり規制したりするべき任務を、国内業界を保護する立場の通産省が兼ねることになったのだ。ほかの締約国の多くは、管理当局に環境保護のための政府機関を指定している。わが国でも、すでに一九七一年には環境庁が発足しており、このような対応は業界寄りの政策と言われても仕方ない。

こうしたわが国の政策で、国際的に非難を受けたのが、留保条項を利用した規制逃れである。これは、条約を批准した時点で、国内の法制度が整備されていなかったり、また業界との調整が間に合わないなどの状況を想定して設けられた制度で、附属書に掲載された特定の種に対して留保を宣言すれば、それを撤回するまでの期間はその種に限って条約が適用されない。常識的に考えて、条約を批准する以上、当然こうした留保の撤回を前提に政府は努力すべきであろう。しかしわが国では、逆に批准してからも次々と留保対象種を増やしてゆき、一時は最大で一四種もの留保を行い、現在でも六種が撤回されずに残っている。（注1）

■——なぜ地球規模の意思決定が必要なのか

ところで、なぜ野生生物の国際取引に、このような世界規模の条約が必要なのだろうか。ワシントン条約の締約国会議では、毎回、個別の野生生物の取り扱いについて多様な意見の対立があり、激論が闘わされている。しかし、よく考えてみれば、個別の取引にかかわりのある国はそれほど多くはない。例えば、象牙や鯨肉を欲しがる国など、日本ぐらいしかいない。それならば、個別に原産国と消費国による協定や条約で適正な資源管理をやればよさそうなものである。それなのに世界中の国が議論して決めなければならないのは、どうしたことだろうか。

理由の一つは、取引の利害にかかわらない第三国の監視の目が必要だからだ。こうした希少野生生物は高価な商品として取引されることが多く、当然、原産国と消費国の双方は取引量を多くするほうが共通の利益になる。このような状況では、どうしても乱獲が起こりやすいことから、第三国による客観的な立場からの判断が重要になるのだ。

こうした監視の目は、密猟や密輸に対しても必要だ。取引される野生生物が高価であればあるほど、こうした違法行為はつきものである。特に、国際取引の当事国ではない国に、取引対象の野生生物が生息している場合には、とばっちりを受けることさえあるのだ。

例えば、象牙の場合を考えればわかる。一九八九年にアフリカゾウが附属書Ⅰに掲載され、以降、象牙の国際取引は禁止されてきた。その間、南アフリカ諸国ではアフリカゾウの個体数が増加していることから、この地域に限って商取引可能な附属書Ⅱへのダウンリスティングの提案を繰り返し、ついに一九九七年の締約国会議で認められた。これを受けて、日本に対してのみ一回限りの試験的な取引を条件に、象牙の国際取引が再開され、一九九九年七月、一〇年ぶりに象牙約五〇トンが横浜港から陸揚げされた。

しかし、アフリカゾウが生息している国は他にもある。ケニヤなどの東アフリカ諸国は、密猟の増加を懸念して、商取引再開には反対してきた。実際、東アフリカでは、毎年、野生動物を守るレンジャーたちが密猟者と銃撃戦になり命を落としているのである。

それでも、厳格な管理を前提に試験的な取引を再開させたわけだが、その直後に危惧された密輸が摘発された（二〇〇〇年四月二七日付、朝日新聞）。シンガポールを経由させ、神戸港に密輸された象牙は約五〇〇キロ。押収量としては史上二番目の規模であった。残念ながら、野生生物を「適正」に商業利用する仕組みを、いまだ人類は発明できていないと言わざるを得ない。結局、二〇〇〇年にナイロビで開催されたワシントン条約締約国会議では、日本への本格的な国際取引の再開は見送られることが決まった。

ワシントン条約が世界最大規模の条約である最も重要な意義は、事実上、野生生物を世界の共有財産として位置付けたことにある。つまり、原産国と消費国の利益のみを考えるのではなく、人類全体の利益、ひいては地球の生命系の利益を考えて、野生生物の利用を適正化しようという思想だ。これは、決して野生生物の商業的な利用を否定するものではない。商業利用が適正化されれば、半永久的に野生生物の利用が可能になるわけで、ある意味では、ワシントン条約は業界保護のための条約といってもよいのだ。

国家を超えた「人類益」、「地球益」を保証するために、ワシントン条約ではＮＧＯ（民間団体）のオブザーバー参加が認められている。こうしたことは、最近の国際条約会議では認められることが多くなったが、ワシントン条約が三〇年近く前にこれを認めた先見性からみても、国家の利害を超えようとした意思がうかがえる。その一方で、条約会議では欧米の環境保護団体の政治力が強く、商業利用が制限される傾向があるとして、原産国や消費国の一部からは反発がある。

――国内取引の規制は必要ないか

さて、野生生物の絶滅を回避するために、その原産国と消費国の間の国際取引を条約で規制するのは、一定の効果が期待できるものの、野生生物の商業利用は必ずしも国際取引に限らない。自国の野生生物を自国内で消費することは、ごく普通に行われている。では、絶滅のおそれのある野生生物を自国内で商業利用することは、国際的な規制を受けなくてもよいのだろうか。

ワシントン条約では、たとえ附属書Ｉの掲載種でも、国内での取引について干渉することはできない。これは、野生生物が世界の共有財産であるとしても、国家の主権を踏みにじることはできないからだ。しかし、ある締約国の国内取引が、国際取引に悪影響を与えている場合は、しかるべき措置が加えられる。

わが国が問題にされている例として、熊の胆《い》問題が挙げられる。熊の胆とは、クマ類の肝臓にある胆嚢を採取して乾燥させたもので、漢方薬として珍重され、その商業的な価値は同量の金に等しいと言われる。東アジアでは、古くから伝統的な医薬品として利用されてきたが、最近、原産国だけではなくその他の生息国でも密猟が多発しているとして、ワシントン条約締約国会議でも問題となっているのだ。

わが国に生息するツキノワグマは、ワシントン条約の附属書Ⅰに掲載される絶滅のおそれのある野生動物で、国際的な商取引は禁止されている。わが国でも、九州の地域個体群は一九八〇年に射殺されたのを最後に生息情報がなく、絶滅した可能性が大きい。また四国、中国地方、紀伊半島の地域個体群も絶滅のおそれがあるとされ、鳥取県を除き捕獲が禁止されている。しかし、国内法上の扱いは、狩猟対象種である。その上、捕獲が禁止されていても被害や苦情があれば、有害駆除によって、いつでも捕獲が可能だ。現在、狩猟で約五千から八千頭、有害駆除で約六千から一万二千頭が、毎年捕獲されている。

しかも、こうして捕獲された個体は、国内では自由に流通させることができる。当然、国内での流通の実態は把握しようがない。また、熊の胆自体はポケットに入るほど小さなもので、海外から手荷物として持ち込むことも可能だろう。当然、その逆もあり得る。つまり、ワシントン条約では厳格な規制がありながら、国内の流通が野放しであるために、事実上、熊の胆の国際取引に大きな影響を与えてしまっているのだ。そこで、ワシントン条約締約国会議は、クマ類の流通の実態を報告するよう各締約国に勧告し、二〇〇二年の締約国会議でこの問題が議論されることになっている。わが国の対応が注目されている。

■——なぜ違法取引が阻止できないのか

ワシントン条約をわが国が批准してから二〇年が経った。その間に、対応する国内法として種の保存法も制定され、徐々にではあるが制度上の問題点が改善されていることも事実である。しかし、それでも今回取り上げたオランウータンの違法取引のような事件が後を絶たないのは、なぜなのだろうか。

もちろん、国民一人一人がこうした希少動物の保護に理解を示し、手に入れようなどと思わなければ、密猟や密輸も起こらないはずだ。では、はたしてこの問題は、こうした個人のモラルで解決するものだろうか。残念ながら、現状では難しいと言わざるを得ない。むしろ、このような動物が次々と国内に入ってきてしまう、わが国の仕組みにこそ問題があるといえるだろう。これは、システムの問題なのである。

さきほどのオランウータン違法取引事件を例に考えてみよう（図4—3）。オランウータンは、ワシントン条約で附属書Iに記載されている希少動物なので、原則的に国際取引はできない。学術研

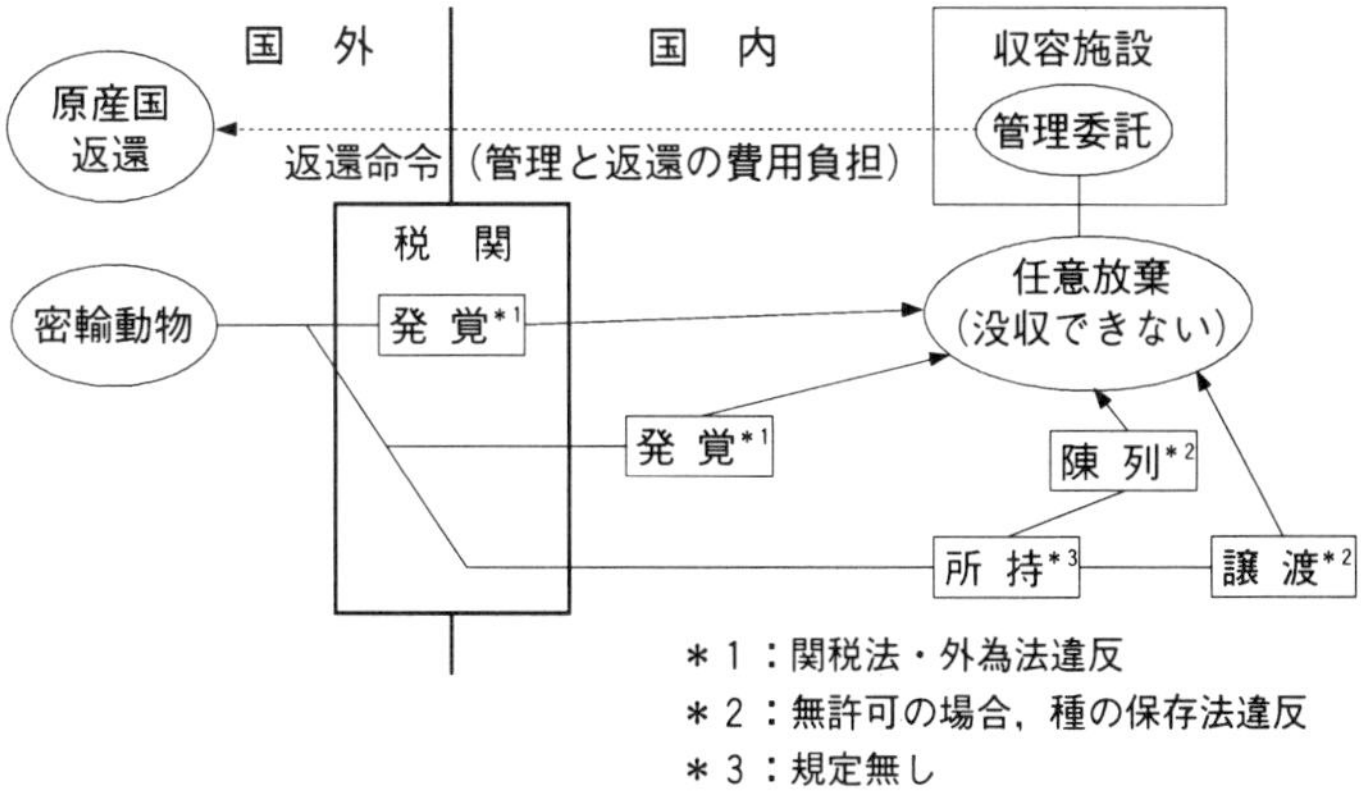

図4－3　密輸動物の取扱いの概念図

究など、ごく限定された目的があり、しかも原産国、輸入国双方の許可証があれば、日本に入ってくることも可能であるが、彼らの場合は密猟されているので、正式な許可証などあるわけがない。

ではどうやって入国したのだろうか。実は、このオランウータンたちは税関をちゃんと通過しているのである。現在、被告が裁判で係争中のため、詳細は今のところ不明であるが、いずれにせよ、税関で密輸が発覚しなかったことだけは事実である。

ただし、たとえこの通関の際に密輸が発覚したとしても、税関の職員はオランウータンを没収することができない。なぜなら、法律で規定されていないからだ。つまり、密輸という行為は罰することができても、オランウータンを所有していること自体に違法性はないのである。麻薬などの場合では有無も言わさず没収することを考えると、甘い対応と言わざるを得ない。

もっとも、密輸が発覚した場合には、違法な行為である以上、税関はそこから国内への持ち込みを認めるわけにはいかない。だからといって密輸した本人の入国を拒むこともできない。結局、密輸された野生生物は、所有権を放棄してもらった上で（任意放棄）、税関に置いていってもらうしかなくなるのだ。

さて、まんまと税関をくぐり抜ければ、天下晴れてオランウータンの所有者になれる。国内に入ってから、オランウータンとばれたとしても、それで罪に問われることはない。密輸したことさえわからなければ、希少動物を所有すること自体は自由で、しかもその個体を登録する義務がないからである。また、種の保存法が成立した一九九二年以前に国内で飼育されていた個体に対しては、国内での取引規制がない。つまり、種の保存法では、国内に何頭のオランウータンが現在飼育されているのかすら、把握することができないのである。

ただし、オランウータンを販売の目的で陳列したり、許可なく譲渡したりすることは禁止されている。今回の事件でも、ペットショップの広告がきっかけとなって摘発された。しかし、この場合でもオランウータンを没収することはできないのである。これもまた法律で規定されていないからだ。

もちろん、このように違法取引された野生生物は、犯罪の立証に欠かせない「証拠物件」として押収しなければならない。しかし、毛皮や製品ならば倉庫にでも入れておけばよいが、生きた個体の場合はどうするのだろうか。本来なら、一時収容するための施設（シェルター）を国が設置すべきなのだが、今のところこのようなものはない。結局、個別の事件ごとに預かり先を探すことになる。

今回のオランウータンたちも、地元大阪の動物園に収容してもらえるように大阪府警が頼みこんだ。しかし、度重なるこうした事件で、すでに収容する施設がいっぱいの状態で、断られてしまった。いくら子どもとはいえ、類人猿の飼育施設にはそれなりの広さと強度が必要である。簡単には受け入れられないのである。結局、探し回ったあげく、隣の兵庫県にある神戸市立王子動物園に期限付きで預かってもらえることになった。

実は、こうした動物園の状況は、全国的にも同じようなもので、しかもほとんどボランティア活動といってよい。警察としても、受入先の確保がつかないような摘発には、二の足を踏まざるを得ないだろう。このあたりにも、違法取引がはびこる原因がありそうだ。

■――国内法の問題点

いずれにせよ、こうした違法取引を抑止していくには、厳しい罰則によって再発を防ぐことが重要である。違法取引が割に合わないことを知らしめなければならない。しかし、種の保存法違反による罰則は、最大でも一年以下の懲役または一〇〇万円以下の罰金しか科すことができない。これでは高価な商取引が可能な野生生物の密輸に対しては、十分な抑止力にはなりえないだろう。

ワシントン条約では、締約国に対して違法取引された野生生物の没収と原産国への返送に関する規定を国内法で整備するように求めている。わが国でも、種の保存法では、没収規定がないのは問題であるが、それでも違反者に対して返送命令を出せる規定を持っている。これは、経済産業大臣または環境大臣が、原産国の適切な施設を指定して、返送を命令できるものである。しかも、違反者が返送しない場合には、国が代わって返送したうえで、その費用を違反者に負担させることができるという、画期的な制度だ。これによって違反者には相当の経済的なペナルティーが科せられることになるし、また、日本政府としても消費国としての国際的な責任を果たせるというものである。

ところが、この返送命令規定は、一九九三年に種の保存法が施行されて以来、一度も適用されたことがない。今回のオランウータン違法取引事件では、この規定が適用されるかどうかが注目された。しかし、この違反者が自発的に返送費用を負担すると申し出たことを理由に、結果的に適用は見送られてしまったのである。

その上驚いたことに、このオランウータンたちが王子動物園に収容されている間に、その所有権は日本政府からインドネシア政府に引き渡されていた。しかも、王子動物園は事実上、インドネシア政府からオランウータンを預かっている形になるわけだが、動物園にその情報は伝えられていなかった。結局、オランウータンたちの帰国は、インドネシア政府が日本政府の許可を得て、自ら自国へ再輸出するということで実現した。当然、この間の責任は日本政府に何もないわけだが、はたして消費国の責任をこれで果たしたと言えるだろうか。これでは、種の保存法の返送命令規定は、死文化しているのと同然である。

違法取引を抑止していくためには、まず政府として毅然とした姿勢が必要であろう。そのためには、しかるべき収容施設を確保した上で、徹底した摘発によって生きた個体も積極的に収容し、その飼育管理や原産国への返送に必要な経費を違反者に請求しなければならない。これまで、ほとんど原産国への返送が実現していない理由として、日本政府は原産国で適切な受入先がないことを挙げているが、これこそ世界最大の野生生物消費国として国際協力すべき分野だろう。原産国での受け入れ施設を日本の責任で整備する必要があるし、必要とあれば、この費用も違反者から徴収すればよい。

また、国内法の整備も欠かせない。違法に輸入した野生生物を没収することができなければ、こうした事件に歯止めが掛からないのは当然である。税関の能力の向上も必要だ。現場では多種多様な野生生物を識別するのが困難であるという問題が指摘されてから久しい。しかし、ＩＴ革命の時代である。専門家のネットワークを作れば解決する問題である。

さらに、希少な野生生物を所持する場合には、登録を義務付けるべきである。戸籍もないような状況では、取締りもままならないからだ。

2　クジラ問題

■――マッコウクジラの座礁

遠州灘に面した静岡県大須賀町に巨大なクジラが打ちあがった（図4―4）。二〇〇〇年四月六日のことである。その日のテレビニュースでは、現場からのライブ映像が全国に配信された。座礁したのは、体長約一六メートル、推定体重四〇トンと見られるマッコウクジラである。

このようなクジラ類の座礁は、太古から知られている現象で、最近では国内で報告されているだけで年間百件を超え、特に珍しいものではない。しかし、今回の事件は、座礁したのが巨大なマッコウクジラであった上に、発見された時点で生きていたため、注目を集めたようだ。

さらにその後、驚くべき事態が起こる。テレビ映像が全国へ流れたことで、現場には、静岡県内に留まらず、県外からも続々と人が集まってきた。地元関係者によると、最終的に一万人

図4―4　大須賀町の位置

を超える人出があったという。しかも、中にはただの見物ではなく、このクジラを自分の手で救助しようという人たちも多かったようだ。

本来、水中で生涯を過ごすクジラ類の皮膚は、非常にデリケートで乾燥に弱い。座礁してしまうと、体表の皮膚は見る見る乾燥してぼろぼろになってゆく。これを防ぐには、保湿剤を塗ったり、タオルをかけて湿度を保つ必要がある。しかし、そのような処置は小型のイルカなどに対しては可能かもしれないが、こんな巨大なクジラでは難しい。この現場では、消防団のポンプが出動し、さらに救助に駆けつけたボランティアの若者たちが、徹夜でバケツを使って水を掛けつづけた。常時四〇〜五〇人が交代で作業にあたったたという。

翌日のニュースでは、早朝から地元の人たちがスコップやバケツを手に、現場へ駆けつける映像が流れた。パワーショベルや漁船まで出動して、なんとか海へ引き戻そうという大作戦が敢行されたが、あまりにも巨大な体はびくともしなかった。結局このマッコウクジラは、その日の午後には死んでしまった。

実は、私もこうした座礁に遭遇したことがある。北海道でアザラシの調査をしているときに、近くの海岸でクジラが打ちあがったという話を聞きつけた。すでに息絶えているということだったが、ぜひとも研究材料を採取したいと思い、解剖の道具などを揃えて現場に到着したのだが手遅れであった。早々と地元の方々が鍋や包丁を手に駆けつけていて、ほとんど骨格標本状態になっていたのだ。しかし、研究材料が取れなかった悔しさはなく、それどころかあまりの手際の良さに感嘆してしまった。古来、クジラが座礁した場合、沿岸の漁村では、解体して分配する技術やしきたりが受け継がれてきたはずだ。まさに、それを目の当たりにして、健全な地域共同体の存在を感じた。

さて、この二つの事例に見られる人々のクジラに対する態度は、一見相反するようにも見える。しかし、どちらも人間の本性的な行動として、矛盾なく同一個人の中でも両立するものと私には思える。傷ついたり苦しんでいる生き物を目の前にして、何とか助けてやりたいと思うのはごく自然な感情である。一方で、めったにない御馳走のクジラが打ちあがったとなれば、鍋を持って駆けつけるのも自然な感情である。

そもそも、人間がこうした動物を助けることは、「因幡の白兎」や「鶴の恩返し」など、古今東西を問わず伝説や民話に伝承されていることから、普遍的な行為といえよう。もっとも、多くの場合は、助けずに食べてしまっていたに違いない。要は、どちらも自然な感情の発露ゆえに、状況に応じて切り替わる性質のもので、これらに善悪や優劣などつけられるものではないのである。

この事件に関して、作家の猪瀬直樹さんが雑誌に意見を書かれている（週刊文春二〇〇〇年四月二七日号）。猪瀬さんは、「生きたまま砂浜に打ち上げられたマッコウクジラを救出するのはこのごろの新しい常識、クジラを食する習慣のない欧米の思想が刷り込まれたものとしても、美談と理解しよう」と述べ、クジラの救助活動に違和感を感じている。しかし、前述したように、こうした動物を助けるのは欧米に限ったものではなく、ましてや思想などとは言えない。もちろん、わが国では、最近とくにメディアを通じて海外でのクジラの救助活動に関心が高まっているのは事実である。

それでもこれはクジラに限った話ではない。現在、善意ある人たちによって国内で救護されている野生動物は、年間数万頭にものぼるのである。（注2）

■――なぜクジラを埋めてしまったのか

ただ、猪瀬さんは、この救助活動よりも、死んだマッコウクジラの処理について大いに不満を感じているようだ。なぜなら、穴を掘って死体を埋めてしまったからである。「クジラの肉も皮も大切な資源で、有効活用しなければならないのに。」と嘆いておられる。しかし、最初は地元でもこのクジラを専門の業者に引取ってもらうつもりで話を進めていたし、また市場からも引き合いがあったという。では、なぜ穴に埋めてしまったのだろうか。

実は、現在わが国には、網に掛かったり座礁して死んだクジラ類の肉を流通させてはならないという水産庁の通達が存在するのである。今回も、水産庁の指導によって、埋めるか焼却することを求められたという。この通達には、生きて座礁したイルカを海に帰すことも指示されており、かつてイルカ漁で国際的な批判を受けたことに配慮しているようだ。また、肉の流通を認めていないのは、密猟されたクジラの肉が日本の市場に出回っているとの批判が絶えないことを受け、正規に捕獲したものだけを流通させたいという水産庁の強い意思の現れだろう。

しかし、違法な野生生物の流通の問題は、クジラ固有の問題ではなく、これまでに指摘してきたように、わが国のシステムの問題である。わざわざ南極にまで出かけて捕獲してきたクジラの流通が認められているのに、国内で座礁して死んだクジラの流通が否定されているのはおかしな話だ。もし、国際的な批判を気にして流通を禁止しているのなら、われわれは歴史に学ぶ必要がある。座礁したクジラを利用することは、多くの民族にとって古来の伝統文化だ。わが国は、世界に向けて鯨食文化を掲げ商業捕鯨再開を国策としている。それにもかかわらず、国内ではこのような対応を続けているというのは、食文化を否定するものと言わざるを得ない。

そもそも、動物を助けたいとか食べたいといった個人の感情の部分に、行政が介入するのはいかがなものだろうか。しかも、今回のマッコウクジラの場合、日本の伝統的なしきたりに従うなら、クジラの所有権は座礁した浜の集落に属するのである。だから、地元の方々が水産庁の指導に従って不本意にクジラを穴に埋めたのだとしたら、猪瀬さんの不満には私も同意できる。

さて、このように座礁したクジラの利用については伝統的なしきたりがあるとしても、沖合いにいるクジラたちを利用する場合は、どのように考えたらよいのだろうか。

■——野生生物利用の原則

言うまでもなく、生物は環境収容力に余裕があれば、自ら個体数を増加させることができる。この特性が、無生物である金属や有機物との決定的な違いだ。いわば、銀行預金が利子を生むようなものである。この場合、元金に手をつけなければ、半永久的に利子の部分は毎年利用しつづけられる。だから、人間が生物を資源として利用する場合には、この利子の部分だけを利用していれば、資源を食いつぶすことはないはずである。こうした利用形態を、永続可能な利用（sustainable use）と呼び、近年では生物資源管理にかかわる国際的なルールとなっている。

当然、この考え方は野生の生物に対しても当てはめられるものだ。ただし、飼育や栽培された生物と野生生物とでは、いくつかの前提が違うことを注意する必要がある。例えば、野生生物は個体数を把握することが困難な場合が多い。世界に誇る日本のクジラ調査でも、個体数の推定誤差は、五〇％近い。しかし、これは野生動物の調査としては驚異的な精度であると言って良い。日本の森林のように見通しの悪い場所では、野生動物の姿を見ることすら難しい。このような地域では、個体数の推定誤差は二倍を超えることがある。個体数の推定が困難であるということは、元金がいくらなのかわからないのに等しい。

そのうえ、利子率にあたる野生生物の増加率を推定することも困難だ。しかも、この増加率は生物種によって大きく異なる。例えば、私たちの食卓によく上がるような魚たちでは、年率八〇％といった増加率を示すことがある。つまり、一〇〇万頭いるものが翌年には一八〇万頭にも増加することができるということだ。一方で、ほとんど増えることができない野生生物もいる。特に大型の野生動物では増加率が低く、年率五％以下であることが普通だ。

さらに、銀行でも利子率が変動するように、野生生物でも大きく変動することがある。これは、生態系というものが静的な系ではなく、常に変化する非定常性の性質を持つからである。気候変動や伝染病の発生などによって、大量死が起こる場合もある。つまり、野生生物を永続可能に利用する場合には、こうした不確実性を考慮しなければならないのだ。

不確実性を前提に、野生生物を利用するには、科学的なモニタリングとその評価に基づいたフィードバックのシステムが不可欠である（第2章参照）。つまり、捕り過ぎが予想されるなら、直ちに利用を制限できるような仕組みが必要なのだ。

さて、ではこうしたシステムが整備され、実際に調査の結果、利用可能なほど対象の野生生物が増加していることが確認された場合、人間はそれを利用しても良いのだろうか。商業捕鯨の場合で言うと、これまで日本政府は、南極海のミンククジラの個体数が利用可能なほど増加しているのは科学的に立証されているので、商業捕鯨の再開は正当であると主張してきた。これは、一九四六年に締結された国際捕鯨取締条約に基づくもので、この条約は、「捕鯨産業の秩序ある発展を可能にする」ことを目的としている。当然、科学的に利用可能であることが立証されれば利用を認める、というルールを前提にしている。だから、日本政府の主張は、この点では正当なものだ。

しかし、ここで問題にしているのは、日本の主張の正当性ではなく、前提となっているこのルールが現代社会で合意されうるものかどうか、ということである。

■──クジラはだれのものか

科学的に利用可能と立証された野生動物は、それだけで利用することは許されるのだろうか。わかりやすい例から考えてみよう。柵や檻《おり》などで囲われている野生動物の場合、この動物たちはその占有者の所有物である。この動物たちを殺そうが食べようが、占有者の自由だ。しかし、いくらこの動物が増えているからといって、占有者以外の者が無断でこの動物を利用すれば、泥棒になってしまう。

同じように、自国内に生息する野生動物の場合、国民の合意があれば自国内で利用するのは自由だ。他国がとやかく言えば、それは国家の主権を侵害することになる。当然、いくらこの動物が増えているからといって、他国が無断でこの動物を利用することなどありえない。

では、だれからも占有されず、またどの国にも属さない野生動物の場合はどう考えたら良いのだろうか。例えば、南極海のような公海にいる野生動物は、誰かの所有物だろうか。また、この動物が増えているのなら、自由に利用しても構わないのだろうか。

歴史的にはつい最近まで、公海の野生生物は自由に利用することができた。大航海時代、世界の海をまたに掛けた列強が、船の航行や資源の利用を自由に行うために、「海洋自由の原則」を宣言する。これは、一六〇九年にグロティウスが、ローマ法の「海洋はすべての人の共有物で、すべての人に開放される」という考えに基づいて著した「自由海論」によるものだ。早い話が、捕った者勝ちのルールが世界の海を支配してきたのである。

海洋生態系の再生産力の範囲内であれば、こうしたルールも成り立った。しかし、人口爆発による海洋生態系への過度な依存や環境破壊によって、もはや海洋自由の原則では立ち行かなくなってしまった。そこで、国連では、新たな海洋のルール作りに着手した。つまり、「人類は誰のものでもない海を自由に利用する権利がある」という考えから、「人類は共有の財産である海を保全する義務がある」という考えへの大転換である。この海の憲法とも言える「国連海洋法条約」は、一九八二年に採択され、一九九四年に発効した。

この条約によって、海洋生物の利用について、新たなルールが決定した。それは、海洋生物の保存や管理について、いわゆる二〇〇カイリ（約三七〇キロ）水域内では沿岸国に対して主権的権利を認め、一方、公海では関係国による国際管理体制の確立を求める、というものだ。つまり、原則として、沿岸国は二〇〇カイリまでの排他的経済水域を設定して、主体的な判断で科学的に海洋生物を利用する権利を持つが、公海における海洋生物の利用には国際合意が必要となったのである。

このように、海を大きく二つに分けて、利用の仕方を変えるというのは、一定の合理性がある。ただ、大型のクジラ類や回遊魚などのように、複数の二〇〇カイリ水域や公海を行き来する動物たちの場合は、どのように考えれば良いのだろうか。国連海洋法条約では、このような高度回遊性の海洋生物の利用には、公海のものと同様に国際管理体制が必要であるとしている。つまり、たとえ自国の二〇〇カイリ水域内に生息している海洋生物といえども、それが一時的なものであれば、自国の判断だけで利用することはできないのだ。

■——科学至上主義で合意できるか

しかし、これですべてが解決するわけではない。問題は、ここで求められる国際管理体制や国際合意とは、どのようなものが適切なのか、いまだに試行錯誤の段階であることだ。つまり、ルールの枠組みは決まったのだが、個別の判断基準がまだ決まっているわけではないのである。

一番簡単な判断基準は、科学的に利用可能であることが立証されれば、利用を認めてしまうことである。科学を唯一の価値基準とする科学至上主義である。ただし、これには問題がある。野生生物は人間に利用されるためだけに存在しているわけではないからだ。複雑なネットワークをもつ生命系の営みを、人間は完全に理解することは難しい。だから、現在の科学的知識だけで利用可能かどうかを判断して良いとは言いきれないのである。もっとも、ワイルドライフマネジメントでは、こうした自然の不確実性を克服するためにフィードバックシステムが考え出された。だから不確実性の側面に限っては、システム的に解決できるのかもしれない。

むしろ、大きな問題は、多様な人間の価値観や感情である。捕鯨問題に限らず、特に大型の野生動物の商業利用に対しては、この問題が対立点となってきた。こうした多様な人間の価値観や感情は、利用したい陣営からは「非科学的な感情論」と唾棄されているが、はたしてそう簡単に切り捨てることが可能だろうか。「科学的に立証されたこと」を、われわれ人間社会は常に「正しいこと」として現実に受け入れているだろうか。

例えば、シカの場合を考えてみよう。現在、北海道では年間数万頭のシカが捕獲され、肉や毛皮の商業利用が始まっている。ここでは、シカを食べたいと思う人は、許可された範囲でシカを捕って食べることが認められている。では、この人が同じ野生のシカだからといって、奈良公園のシカを食べたいと言い出したらどうだろうか。奈良公園のシカは、神鹿と呼ばれ神様の使いである。たとえ、奈良公園のシカが科学的に利用可能であると立証されたとしても、必ずしも現実の社会はそれを正しいこととしては受け入れないだろう。それは、クジラを神の使いや高等な動物と信じる人たちにしても同様である。

公海が人類共有の財産に位置付けられた以上、そこでの利用には、国際合意が不可欠である。南極海での商業捕鯨について言えば、現段階で再開を求めているのは日本一国である。共有財産であれば、たとえ科学的に根拠があろうが、合意なしに利用できないことは自明である。日本政府にしてみれば、その合意が極めて理不尽なものに思えよう。しかし、現在の段階では、それが政治的なものであろうが感情的なものであろうが、仕方がないことである。善悪は別として、人間は度し難いものだ。むしろ、政策決定に合意形成が求められるのもそこに大きな理由がある。歴史的視点に立てば、合意形成とは、社会の暴走を防ぐための安全装置の役目を果たす。

ただし、現に捕鯨を生業とする人たちには、そんな時間の余裕はない。もし日本政府が本当に文化や伝統のために捕鯨を再開する気があるのなら、国家の主権がおよぶ範囲でクジラ類を利用する道を選択すべきだろう。

■――マッコウクジラの調査捕鯨

ところが、このところ日本政府は別の視点から捕鯨の必要性を訴え始めた。それは、クジラを過度に保護すると、魚が大量に食べられて、生態系のバランスが破壊されるので、クジラを適正に間引くべきであるというものだ。つまり、クジラの資源管理から海洋生態系管理への転換である。

もっとも、このような生態系全体の管理は、条約で想定されているものではない。要は、生態系を守るために捕鯨が必要であるなら、環境保護を掲げる反捕鯨国も反論はできまいという思惑があるのだろう。こうして、日本政府はいかにクジラが魚をたくさん食べているのかを国際捕鯨委員会で主張し始めた。

こうした論議の過程で、日本政府はマッコウクジラに注目していた。地球規模でみると、クジラ類でもっともバイオマス（生物量＝個体数×平均体重）が大きいと考えられているからだ。そこで、マッコウクジラなどがどれほど魚を食べているのかを探るため、二〇〇〇年の国際捕鯨委員会で、日本政府は北西太平洋での調査捕鯨を提案した。いつものようにこの提案は否決されたが、条約では国際捕鯨委員会の決定にかかわらず、加盟国は調査捕鯨を行うことができる。結局、一〇頭を上限としたマッコウクジラの調査捕鯨が始まった。

これまでにも日本の調査捕鯨は批判の的になってきたが、それでも今回の欧米各国の反応は非常に大きいものだった。特に、米国は予想外に強攻策に出た。ペリー修正法に基づく日本への貿易制裁の手続きを開始したのである。これは、絶滅のおそれのある野生生物を捕獲する国に対して、あらゆる品目の輸入制限ができるというものである。実際に発動されたことはこれまで一回しかない法律だが、米国の強い不快感の表れである。

一方、日本政府は、国際的にマッコウクジラは絶滅のおそれはなく、調査捕鯨を継続すると表明した。それに呼応するように朝日新聞社説（九月二〇日付）は、「米国の制裁は過剰反応であり、自重を求めたい。」と述べた上で、「日本は、商業捕鯨の再開を要求しているが、……（中略）……遠洋捕鯨産業はすでに消滅しており、切実ではない」ため、「科学的根拠を示して気長に説得するのが得策ではないか」と主張した。

さて、では問題のマッコウクジラは本当に絶滅のおそれがないのだろうか。表4―1は、さまざまな組織による主な海棲哺乳類の評価をまとめたものだ（注3）。地球規模の種を単位として評価しているのは、国際自然保護連合（IUCN）によるレッドリスト(Red List = Red Data Book ; RDB)だが、これによるとマッコウクジラは危急種（vulnerable：絶滅の危険が増大しており、圧迫要因が続く場合は近い将来、絶滅危惧種になるもの）にランクされている。一方、米国・絶滅危惧種法は、マッコウクジラを絶滅危惧種（endangered）に指定している。もっとも、これらの評価基準は、一

表4－1　海棲哺乳類はどのように評価されているのか

	IUCN RDB (1996)	水産庁 RDB (1993)	環境庁 RDB (1998)	哺乳類学会 RDB (1997)
マッコウクジラ	危　急	普　通	対象外	日本近海の2個体群・希少 その他の北太平洋個体群・不能
ゼニガタアザラシ	軽度懸念	危　急	絶滅危惧	絶滅危惧
トド	絶滅危惧	希　少	危　急	危　急
ジュゴン	危　急	絶滅危惧	対象外	絶滅危惧

	日本・種の保存法	米国・絶滅危惧種法
マッコウクジラ	未指定	絶滅危惧
ゼニガタアザラシ	未指定	未指定
トド	未指定	西経 144度以東・危急 西経 144度以西・絶滅危惧
ジュゴン	未指定	絶滅危惧

IUCNのRDBは，地球規模での生物種の評価．水産庁，環境庁，哺乳類学会のRDBは，日本の領土・領海内における生物種の評価．

致しているわけではないので、評価が分かれることはありうる。ただ、いずれの評価も、多かれ少なかれ、マッコウクジラに絶滅のおそれがあることを認めている。

以上は、マッコウクジラという種に関する評価であるが、クジラ類でも個体群が認識されており、なかには過去の商業捕鯨によっていまだに大きな影響を引きずっている個体群もある。日本哺乳類学会が作成したレッドリストでは、日本近海には少なくとも二つのマッコウクジラの個体群が存在し、これらは商業捕鯨の停止以降も個体数の回復が思わしくなく、希少種（存在基盤が脆弱で、生息条件の変化によって容易に危急種に移行するもの）として評価されている。

実は、この時の日本哺乳類学会の評価に

は、IUCNや環境庁などが利用していた古い基準が使われている。しかし現在では、IUCNが一九九四年に作成した新基準を基に多くのレッドリストの改訂作業が行われているので、日本哺乳類学会でも新基準に対応する評価も試みている。それによると、日本近海の前述の二つの個体群は、絶滅危惧種に相当するのである。

ところが、現在公表されている水産庁版のレッドリストでは、マッコウクジラ(北太平洋個体群)は普通種として評価されている。これは、評価基準の違いだけでは済まされないほどの見解の相違である。どうしてこれほど異なるのだろうか。

水産庁のレッドリストでは、生息数の現状が危機的な状況にはなく、またその生息数の変動が自然変動の範囲内である野生生物は、「普通種」としてランクされる。例えば、一〇万頭いたものが一万頭に激減しても、その後大きな変動がなければ「普通種」と評価されてしまうのだ。しかもこのレッドリストでのマッコウクジラの個体群は、日本哺乳類学会と異なり、北太平洋全体で一つと認識されている。当然、それだけ生息数が大きく見積もられるので、絶滅のおそれは小さく評価される。

しかし、現在、国際的に利用されているIUCNの評価基準は、生息数の現状だけで判断するものではない。野生生物が受けている過去から現在に至るインパクトを客観的に評価することが基本理念だ。また、生物多様性の保全の立場から、遺伝子の多様性を守るために、個体群レベルでの評価が重要となる。こうした立場から見ると、水産庁のレッドリストの評価は、ずいぶんと人間寄りのものとなっている。

このように、わが国では海洋野生生物の保全に対する基本的な認識に大きな問題があるため、たとえ精度の高い科学的データを示したところで、反発している国々を説得することは難しいだろう。

■——海洋生態系管理の試金石

こうした評価の偏りは、他の海棲哺乳類でも見られる。例えば、ゼニガタアザラシやトドといった鰭脚類では、環境庁版のレッドリストよりも評価が低い。彼らは漁業害獣として、これまで保全対策などかえりみられなかった動物たちである。特にゼニガタアザラシは一九八〇年代前半には生息数が約二百頭にまで落ち込み、絶滅寸前となった。このころ、私はなんとか保護のための対策を講じてほしいと思い、水産庁を訪れたことがある。しかし、当時の担当官に「そんな害獣はむしろ征伐しなければならない」と言われて唖然としたものだ。むろん現在でも、何ら対策がとられていないことには変わりがない。

しかし、そうは言っても、このところ水産庁にも変化が見られる。漁業という産業行政のための水産庁が、漁業とは無関係の生物も含めてレッドリストを作成したことなどは、大いに評価されることだ。これからの漁業は、安全な食料供給と海洋生態系管理の担い手としての役割が期待される。

本来、こうした生態系の管理は環境行政が担うべきものかもしれないが、現実には海洋は水産行政の縄張りで、手も足も出ない。やはり、実効性を考えれば、水産行政自らが海洋生態系の管理を行うべきだろう。しかし、これまで水産行政では、生物多様性の保全という視点で、海洋生態系を管理する法制度などを整備してこなかった。だから、これまでの経緯を考えると、日本政府がクジラ問題を生態系管理の視点で捉えなおしたことは驚きである。もっとも、大規模に回遊するクジラ類の管理を行う場合、地球規模での海洋生態系管理が必要と思われるが、そのようなことは実行不可能である。

むしろ、海洋生態系の管理の観点から、わが国が緊急に取り組まなければならない問題がある。それは沖縄に生息するジュゴンの保護問題だ。世界の最北限に生息する沖縄のジュゴンは、現在わが国でもっとも絶滅が危惧される野生動物である。もともと南西諸島には広く生息していたが、乱獲などによって激減してしまった。最近の生息頭数調査では、十数頭から数十頭程度と推定されている。ジュゴンは海草を主食とする草食動物であるが、こうした生息環境は開発によって影響を受けやすい。また、沿岸の定置網などに誤って絡まり、溺れ死ぬ事故が後を絶たない。このまま放置すれば、確実に絶滅するだろう。

水産庁では、ジュゴンをレッドリストの絶滅危惧種と評価して、水産資源保護法によって捕獲を禁止している。しかし、現在問題になっているのは乱獲ではなく、捕獲を禁止したところでジュゴンに対する脅威は何も変わらない。やらなければならないのは、地域の漁業活動を含めた海洋生態系の管理なのである。これを実現できるのは水産行政しかない。

今こそ日本政府は、ジュゴンを絶滅の淵から救い、世界に海洋生態系の管理者としての実績を示すべきであろう。沖縄のジュゴンすら管理できなくて、どうして世界のクジラが管理できようか。わが国にとって、ジュゴンが海洋生態系管理の試金石になることは間違いない。

(注1) ワシントン条約問題に関しては、
小原秀雄(1992)『野生動物消費大国ニッポン』、岩波ブックレット　などが詳しい。
(注2) 海棲哺乳類のストランディング(座礁)については、以下を参照されたい。
ジェラーシ、ラウンズベリー(1996)『ストランディングフィールドガイド』、山田・天野監訳、海游舎
『野生動物救護ハンドブック』(1996)、文永堂出版
(注3) 環境省のレッドリストは、同省生物多様性センターのホームページで最新情報が検索できる。
日本哺乳類学会編(1997)『レッドデータ日本の哺乳類』、文一総合出版
水産庁編(1998)『日本の希少な野生水生生物に関するデータブック』、日本水産資源保護協会

第５章　環境ホルモン問題

高濃度の化学物質に汚染されている東京湾のカワウ

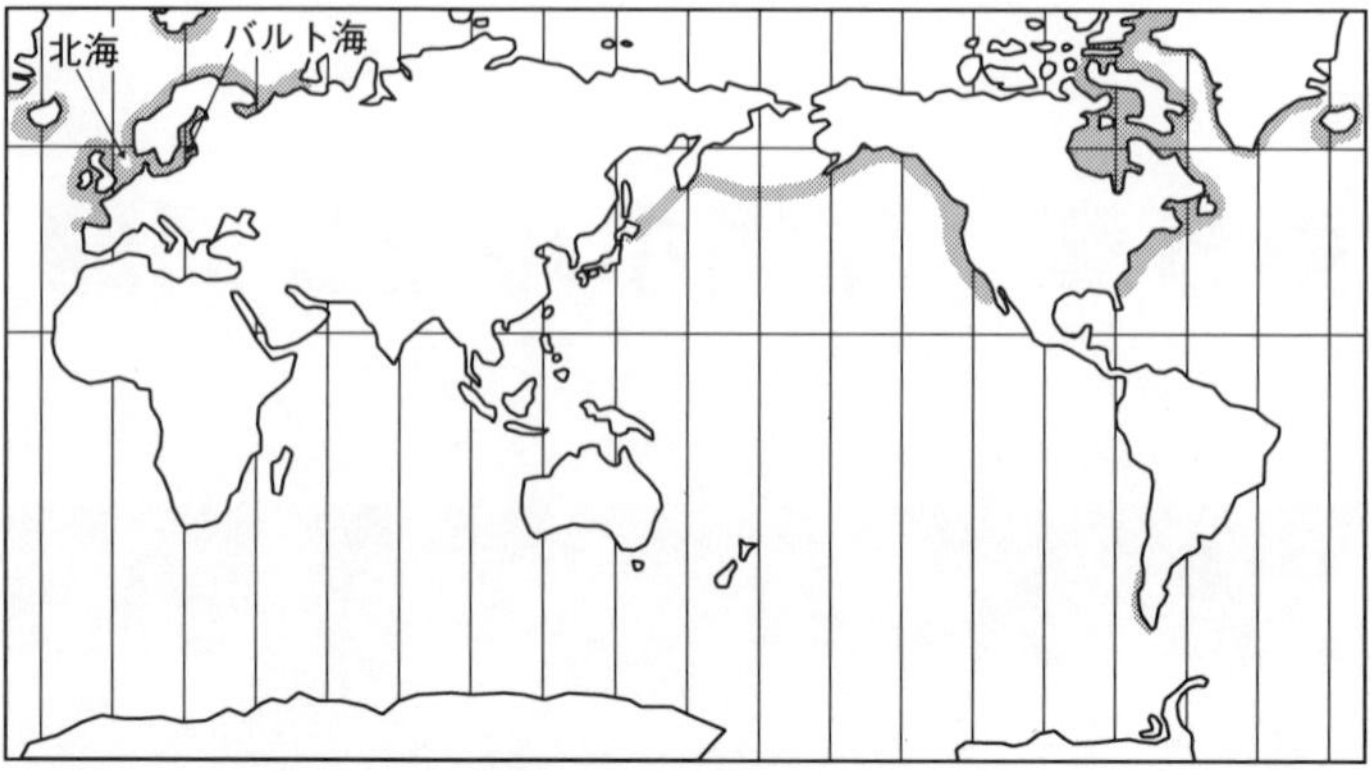

図5－1　ゼニガタアザラシの分布

■――アザラシの大量死

一九八八年の夏ごろ、突然、私の研究室へマスコミから問い合わせの電話が殺到した。オランダで多数のアザラシが死に、現地では連日テレビで報道され、大騒ぎになっているのだという。一部には、アザラシの主食であるシシャモを日本での需要にこたえるために乱獲したのが原因だ、といった意見も飛び交っているらしい。

私はそのころ北海道に生息するゼニガタアザラシの研究をしていたので、その関係で取材を受けたようだ。確かにオランダには北海道のものと亜種関係にあるゼニガタアザラシが生息している（図5―1、2）。しかし、オランダに知り合いの研究者はいないし、当時はインターネットも使えないので、まったくこちらは情報を持っていなかった。

このゼニガタアザラシという野生動物は、北半球の中緯度地域にかつてはどこにでもいて、英名では Common Seal（普通のアザラシ）とか Harbor Seal（入り江のアザラシ）

図5－2　北海道のゼニガタアザラシ

などと呼ばれ、人間にとってはごく身近な存在だった。しかし、結果的にそれが彼らの悲劇につながった。体重が百キロを超す大型動物で、群れをなして魚を食べるため、漁業者にとっては目の敵となったのである。また、毛皮や皮下脂肪の需要が高いために乱獲が進み、一九六〇年代には世界中で絶滅に瀕してしまう。

その後、日本以外の先進国では、彼らを絶滅から救うために法律を制定するなど、乱獲防止に努めてきた。オランダでもその甲斐あって、徐々に個体数は回復をはじめていたところだ。だから、今回の大量死はせっかくの努力が水泡に帰す一大事件であったわけである。

その後、大量死はヨーロッパの北海やバルト海の沿岸諸国に飛び火して、国際的な関心事となる。報道によると、発生から一〇カ月ほどで生息数のおよそ八五％が死亡し、ヨーロッパのゼニガタアザラシは再び絶滅の淵に立たされることとなった。しかも、依然その原因はわからないままであった。

■――新種のウイルスと環境汚染

ヨーロッパには「アザラシ病院」と呼ばれる施設がいくつかある。中には創立以来六〇年を越える病院もあり、野生動物保護の中心的な施設となっている。おもに民間団体によって運営されていて、みなしごになったアザラシなどを収容し、リハビリの後に野生復帰させる活動をしている。この大量死事件では、多くのボランティアが中心となって、アザラシの死体の回収と生存個体の救助活動を展開した。

そうした中、オランダ環境省のオスターハウス博士のグループが、大量死の原因は新種のウイルスであることを発表した。もし、こうしたボランティアの活動がなければ、原因究明にはさらに時間がかかったはずである。

このウイルスは、犬のジステンパーという伝染病を引き起こすものと近縁で、アザラシジステンパーウイルスと名付けられた。しかし、多くの研究者たちはこのウイルスだけが原因でこれほどの大量死が起こるとは考えていなかった。アザラシの集団全体が、何らかの原因で免疫低下に陥っているのではないかと疑われ始めていた。

最も注目されたのは、ＰＣＢ（ポリ塩化ビフェニール）をはじめとする有機塩素系の環境汚染物質である。特に、ＰＣＢやダイオキシン類は、ヒトや実験動物の免疫系に対して毒性があることが知られている。実際、大量死が起こった地域のアザラシでは、以前から高濃度のＰＣＢが検出されており、繁殖能力の低下などの影響も報告されていた。

実は、オランダ国立海洋研究所では、この大量死が起こる前から、ＰＣＢなどの環境汚染物質によるアザラシへの影響を明らかにするため、大規模な飼育実験を行っていた。化学物質に汚染されていない地域のアザラシたちを二つの群れに分けて飼育し、オランダ沿岸の化学物質に汚染された魚と、大西洋の真ん中から捕ってきた汚染されていない魚を、それぞれの群れに与えつづけ、繁殖成績や健康状態を観察したのである。

この飼育実験によって、驚くべき結果が示された。それぞれの群れにはオトナのメスが一二頭ずついたのだが、汚染されていない魚を食べていた群れでは一〇頭が出産したのに対して、汚染されている魚を食べていた群れでは四頭しか出産しなかったのだ。北海やバルト海で観察されていたゼニガタアザラシの繁殖障害は、やはり何らかの化学物質の影響だったのである。（注1）

また、飼育中に毎月行われた血液検査から、興味深いことが明らかとなった。それは、汚染されている魚を食べたアザラシたちでは、血液中のビタミンＡが激減していたのである。ビタミンＡの欠乏症になると、全身の粘膜が乾燥してしまい、病原体に感染しやすくなることが知られている。オランダの科学者たちは、こうしたビタミンＡ欠乏による抵抗力の低下が、今回の大量死における一つの原因ではないかと推測している。

このビタミンA欠乏と同時に発見されたのは、血液中の甲状腺ホルモンの低下である。甲状腺ホルモンはビタミンA代謝に作用する重要なホルモンである。血液中のビタミンAの激減は、甲状腺の機能異常が原因ではないかと考えられたのだ。メカニズムはよくわかっていないのだが、PCBなどの有機塩素系化学物質が甲状腺障害を引き起こすことは以前から知られていた。実際、大量死の際に集められたアザラシの甲状腺の多くから異常が発見された。

このアザラシ大量死事件から十年以上が経過したが、いまだにその全貌が明らかにされたわけではない。しかし、この背景に北海やバルト海の深刻な化学物質汚染があることは、もはや疑いはない。そして、この事件が重要なのは、それまでの化学物質汚染の影響に対する考え方を大きく変えたことにある。つまりこの事件は、化学物質が発ガンや催奇形性といった目で見える生体への影響だけではなく、生殖や免疫などの生命維持システムに対して目に見えない影響を与える可能性があり、しかもそれによってある日突然、破局に至るおそれがあるのだということを、私たち人間に教えたのである（図5—3）。

その後、この一連の研究を率いたオランダ国立海洋研究所のラインダース博士は、ある会議に招かれることになる。WWF（世界自然保護基金）という国際的環境NGOの研究員・コルボーン博士が一九九一年に開催した、野生動物や人に対する合成化学物質の影響に関する国際会議である。この会議では、世界で初めて、環境中に放出された化学物質が動物の内分泌系を撹乱する作用を持

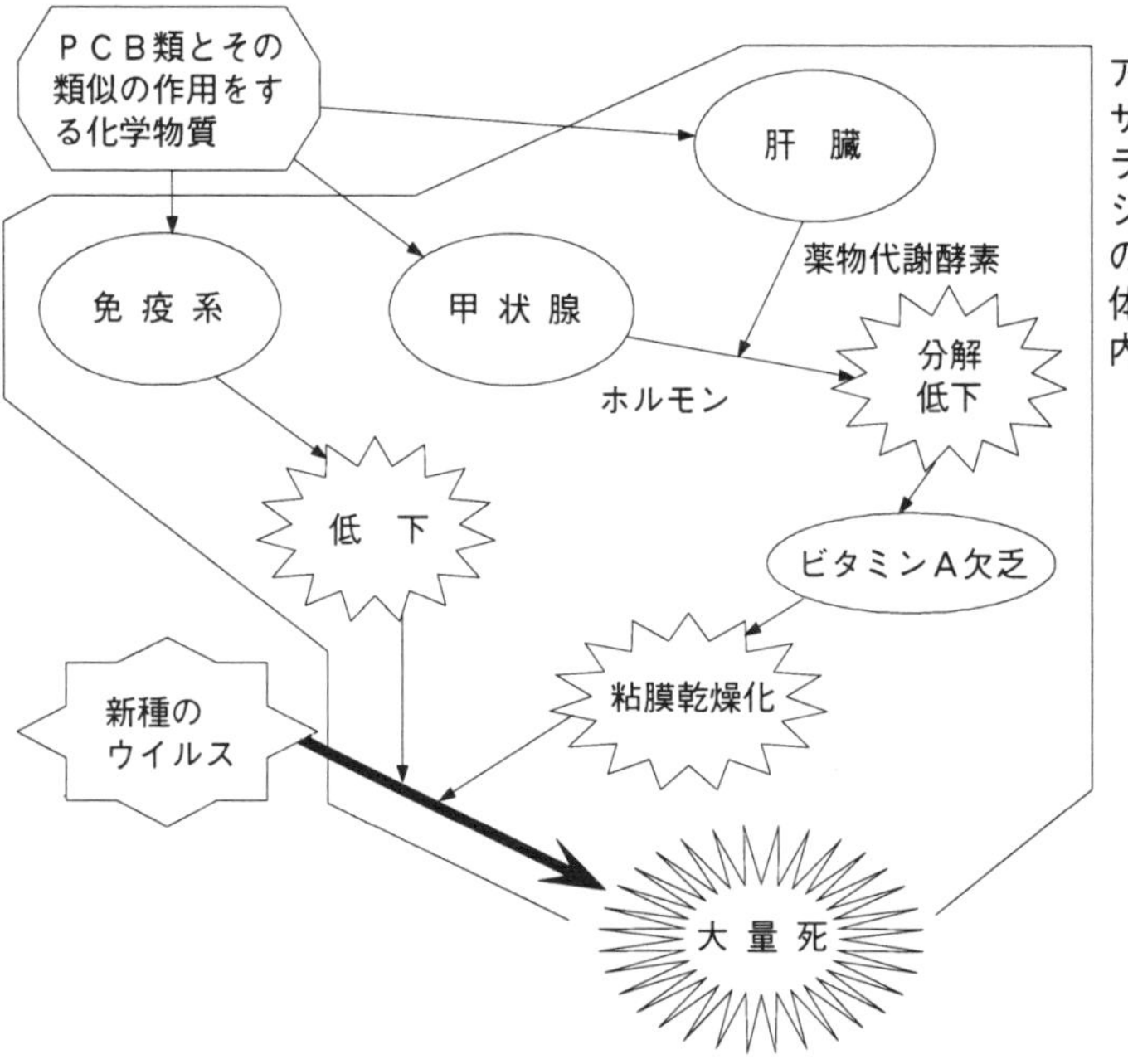

図５－３　予想されたアザラシ大量死のメカニズム

っていることが宣言された。これが、のちに世界に大きな影響を与えたコルボーン博士らの著書「奪われし未来」(注2)のきっかけとなる。いわゆる環境ホルモン問題の始まりだ。

■──環境ホルモン・パニック

一九九七年の初冬のころだったと思うが、またしても突然、私の研究室へ環境庁から電話が入った。用件は、環境ホルモンやダイオキシンが野生動物へ与える影響を調査するので、研究班のメンバーになって欲しいというものだった。

確かに私は、野生動物を専門に研究しているし、獣医師でもあるが、ダイオキシンなどの知識は高校生に等しい。だいいち、当時は「環境ホルモン」などというものを知らなかった。返事に窮していると、電話の担当官は、とにかく本屋へ行けば「奪われし未来」という本が平積みになっているので、読めば分かるとのこと。聞いたことのある書名だったが、てっきりホラーものだと思って、立ち読みもしていなかった。

読んでみれば、なるほど野生動物の異常の話がたくさん書かれてはいる(表5─1)。しかし、どれも以前から知られている事件で、特に目新しいものとは思えなかったが、ともかくも、せっかく環境庁が野生動物の研究をしようというのだからと、研究班のメンバーに入れていただいた。当然、その時点では、その後この問題が大きな社会的関心事になろうとは考えても見なかった。

表5－1　野生生物への影響に関する報告

生物		場所	影響	推定される原因物質	報告した研究者
貝類	イボニシ	日本の海岸	雄性化，個体数の減少	有機スズ化合物	Horiguchi et al. (1994)
魚類	ニジマス	英国の河川	雌性化，個体数の減少	ノニルフェノール ＊断定されず	Sumpter et al. (1985)
	ローチ（鯉の一種）	英国の河川	雌雄同体化	ノニルフェノール ＊断定されず	Purdom et al. (1994)
	サケ	米国の五大湖	甲状腺過形成，個体数減少	不明	Leatherland (1992)
爬虫類	ワニ	米フロリダ州の湖	オスのペニスの矮小化， 卵の孵化率低下， 個体数減少	湖内に流入したDDT 等有機塩素系農薬	Guillette et al. (1994)
鳥類	カモメ	米国の五大湖	雌性化，甲状腺の腫瘍	DDT，PCB ＊断定されず	Fry et al. (1987) Moccia et al. (1986)
	メリケンアジサシ	米国ミシガン湖	卵の孵化率の低下	DDT，PCB ＊断定されず	Kubiak (1989)
哺乳類	アザラシ	オランダ	個体数の減少，免疫機能の低下	PCB	Reijinders (1986)
	シロイルカ	カナダ	個体数の減少，免疫機能の低下	PCB	De Guise et al. (1995)
	ピューマ	米国	精巣停留，精子数減少	不明	Facemire et al. (1995)
	ヒツジ	オーストラリア（1940年代）	死産の多発，奇形の発生	植物エストロジェン（クローバー由来）	Bennetts (1946)

備考　引用文献はすべて環境庁「外因性内分泌撹乱化学物質問題に関する研究班中間報告書」による．

ところが、年が明けると爆発的な勢いで、環境ホルモン問題がメディアをにぎわし、社会現象といえる事態になった。あっという間に、書店の書架には環境ホルモン・コーナーが設けられ、本があふれかえった。背表紙には「滅亡」、「恐怖」、「悪魔」といった文字が踊り、挙げ句の果てに浄水器の宣伝まがいのものまでが並ぶ始末だった。

そのうえ、私のような化学物質の素人のところへもマスコミの取材が押し寄せ、さらに化学メーカーなどからは、環境ホルモン問題への反論を書いたダイレクトメールが次々に届くありさまで、まさにパニック状態と言ってよかった。

このころ、この問題に関して行政や研究者は何もしてこなかったという批判をよく耳にした。確かに、世間のパニック状態とはうらはらに、わが国での環境ホルモンに関する研究は極めて少なかった。特に「奪われし未来」で描かれていたような野生動物に対する影響などはほとんど明らかにされていないのが現状であった。私も取材に来られた新聞記者に「日本の野生動物学者は何をやっているのか」と何度か叱られた。

しかし、私も環境庁の研究班に参加して初めて知ったのだが、実は、環境庁では、野生動物を対象とした有害化学物質のモニタリング調査を長年にわたって行っていたのだ。これは、「生物モニタリング調査」と呼ばれるもので、一九七八年から始まり、現在では野生動物一二種を対象に化学物質一八種類の汚染状況調査が実施されている（図5―4）。

ただし、環境ホルモン問題の観点から、この調査には大きな問題点がある。この調査では、目的

図５－４　平成11年度 生物モニタリング調査地点及び採取生物種(環境庁)

が生物を指標とした環境汚染の監視にあるため、対象生物への影響は調査されていない。つまり、生物種や採取地域による化学物質の蓄積の違いはわかるのだが、生殖器の異常や病理学的な変化などは知ることができないのである。こうした調査が行われていない理由は、人間への影響を中心に考えているからだ。これは、調査マニュアルで、野生動物から化学分析用のサンプルを採集する際に、その部位を「可食部分」と呼んでいることに象徴される。結局、わが国の野生動物への影響を評価するには、枠組みを含めて一から考え直すしかなかった。

■――環境ホルモンの影響をどのように評価するか

ところが、調査を始めるにあたって、いくつかの難問にぶつかった。まず、影響評価と言っても、何をもって影響とすればよいのだろうか。例えば、実験動物に特定の化学物質を投与して、それに対する生体の反応を「影響」と呼ぶことは可能である。しかし、環境ホルモンと呼ばれる化学物質が、どのような影響を起こしているのか必ずしも明らかではない段階で、「影響」とは何をさすと考えるべきなのだろうか。思いつくだけでも、ざっと以下のようなものが挙げられる。

①環境ホルモンが体内から検出される
②何らかの病理学的な変化が検出される
③何らかの生理学的な変化が検出される

④ 何らかの臨床的な症状が検出される
⑤ 集団の一部の個体が死亡する
⑥ 個体数が減少してゆく
⑦ 特定の地域個体群が絶滅する
⑧ 種として絶滅する

例えば、ある人は、野生動物の体内に環境ホルモンが検出されること自体があってはならないことで、これを「影響」と評価するかもしれないが、別の人は、環境ホルモンによって野生動物の個体数が減少するようなことが起こらなければ、とくに「影響」が出ているとは考えないかもしれない。実際、環境ホルモン問題を多くの人と議論してゆくと、立場や考え方によって、「影響」つまりどうしても避けたいことが大きく異なっていることに気付かされた。

しかし、影響を評価するのに、人によってその判断基準が違えば、当然、評価も変わってしまう。これではなかなか結論も対策も出にくい。そこで、多様な意見を同じ尺度で評価する手法が求められることになる。環境リスク論という考え方である。

環境リスク論では「どうしても避けたいこと」を「エンドポイント（影響判定点）」と呼ぶ。このエンドポイントを誰もが支持できるところに置いて、それぞれの「影響」を、それが起こる確率で表現すれば、共通の尺度で議論できるようになるはずだ。つまり、環境リスク論とは、影響をその有無で評価するという二元論的な考え方から、影響はもはやゼロとは言えないので、その起こる確率で評価するという考え方への転換である。

例えば、現在起こっている現象が、個体数の減少は見られないが個体レベルで病理学的な変化が検出されているという場合を考えてみよう。環境ホルモンによる影響のエンドポイントを種の絶滅に置けば、その影響を否定する人はいないだろう。そこで、現在起こっている現象を、種の絶滅する確率で表現すれば、誰もが影響の評価に参加できるわけだ。

問題は、この確率計算である。例えば、人間の健康への影響評価を考える場合、エンドポイントを人の死に置くとする。人間の場合は、さまざまな死亡原因や平均余命などに関するデータが存在するため、エンドポイントの確率計算は比較的可能である。しかし、野生動物ではこのようなデータはほとんどないのが実情だ。とくに日本の野生動物に関する個体群動態学的な研究は少ない。だから、影響を評価する手法はあっても、今のところそれを使うことが難しいのである。

これで、また議論が振り出しに戻ってしまったわけだが、こうした現状を踏まえて、次善の策としては、予防原則の立場から、野生動物に何らかの病理学的あるいは生理学的変化が検出された場合をとりあえずの「影響」と評価することだろう。そのような変化があったからといって野生動物がすぐに滅びるわけではないという意見も確かにある。しかし、冒頭で紹介したヨーロッパのアザラシの例でも明らかなように、個体数が増加していても破局は訪れる可能性があるのだ。私たちは、野生動物たちの体内で起こる変化を「異変」として認識しておく方がよいのである。

■——野生動物調査の難しさ

さて、ではその何らかの異変をどのように調べれば良いだろうか。人間であれば、健康などに変調をきたせば、それを自ら訴えることもできるし、それを影響として評価することもできる。しかし、野生動物はしゃべらない。しかも、自然界にはたくさんの生物種が存在する。すべての生物種について、一個体一個体の健康診断など不可能な話だ。

前述したように環境ホルモンの影響は、必ずしも目に見えるものではない。だからといって、片っ端から動物を捕まえて解剖することなど許されない。当面、私たちが知りたいことは、日本の野生動物に何らかの影響が出ているのかどうかということである。だとすれば、最も影響の出ている可能性のある野生動物を絞り込んで、調査をすることだろう。

幸い、野生動物における環境汚染物質の蓄積レベルに関しては、愛媛大学農学部の立川涼名誉教授を中心とした研究者によって、以前より膨大なデータが公表されていた。また、最近では田辺信介教授らによって、野生動物におけるPCBや有機塩素系農薬の蓄積濃度と薬物代謝酵素の関係が調査されている。これらの研究成果のおかげで、われわれは比較的短時間で調査対象として適当な動物種を絞り込むことができた。

その動物の代表格が、カワウという鳥類である。ウというと長良川などの鵜飼を連想されるだろうが、あそこで鵜飼に使われているのは、ウミウという近縁ではあるが別の動物である。ただ、かってはいたるところでカワウを使った鵜飼が行われていたようだ。

一九七〇年代には、絶滅寸前となったカワウであるが、最近では徐々にその生息地域や個体数を回復させ、地域によっては漁業者や釣り人の目の敵にされてもいる。また、カワウは水辺の樹林に数千羽にもなる大きな集団繁殖コロニーを形成するが、大量の糞によって樹林を枯らしてしまい、社会問題になっている地域もある。そのため、このところ有害駆除で捕殺される数も増えてきた。

しかし、生態学的に見ると、カワウをはじめとする魚食性鳥類は、水系から魚を通じて有機物を陸上に汲み上げる、いわばポンプの役目を果たしており、生態系の健全な維持に欠くことのできない野生動物である。また、わが国では古来、こうした鳥たちのコロニーから、良質の有機肥料が得られるために、コロニーのある森を保護してきた。かつての日本では、カワウやサギたちの繁殖コロニーになるような樹林は広大にあったために、枯れれば彼らが移住すればよかったのである。長い目で見れば森林の地力を維持する上でも、カワウたちが必要であった。むしろ、カワウたちの棲める場所がほとんどなくなってしまった現代の環境こそ、異常というほかはない。

このようにカワウは、歴史的にも人間の生活圏で暮らす身近な鳥であり、見方を変えれば、もっとも人間の排出する汚染物質に影響を受けやすい野生動物と言えよう。しかも、水圏の生態系で食物連鎖の頂点に位置するため、生物濃縮の影響を最も受けているはずだ（図5—5）。事実、東京湾に生息するカワウの体内からは、田辺教授らのデータでもきわめて高い濃度のＰＣＢなどが検出されている。また、最近では横浜国立大学環境科学研究センター・中西研究室の大学院生・井関直政

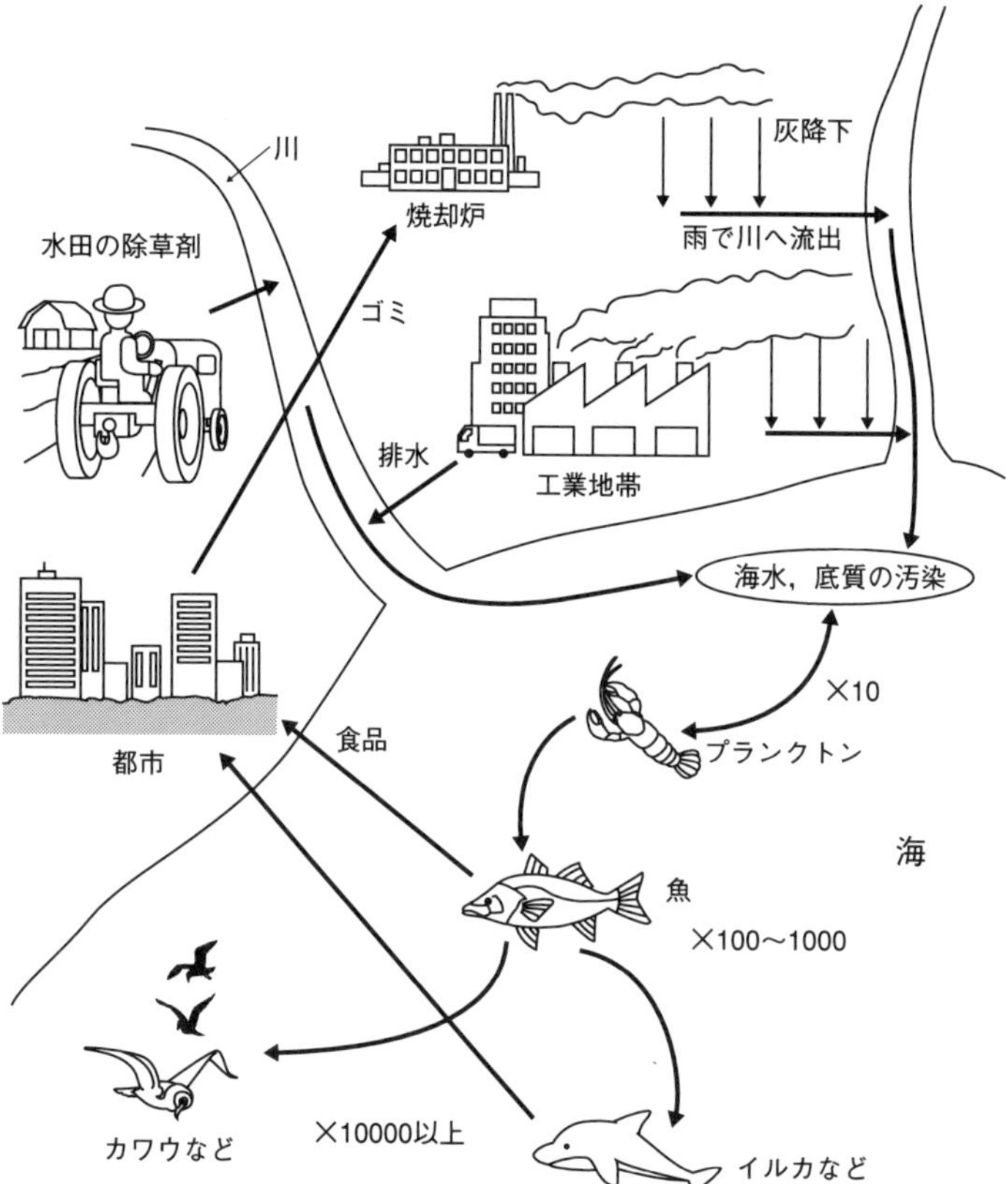

図５－５　生物濃縮の模式図（ダイオキシン類の場合）

さんらの調査で、国内の野生動物としては最高濃度のダイオキシン類が検出されている。こうして二〇〇〇年からは、カワウが環境庁の調査対象種に加えられることになり、現在、野外での観察を含めた生態疫学調査が進行中である。

■――野生動物から見た環境ホルモン問題

これまでの予備調査によると、汚染のひどい東京湾に生息するカワウでは、甲状腺異常が多発していることがわかってきた。しかし、実はその原因となる化学物質の特定はできていない。実際に、野生動物の体内からは無数の化学物質が検出される。これらのうち、甲状腺異常を起こすことが知られている化学物質だけでも異性体を含めれば数百にのぼるからだ。実験動物と違って自然界に生きる動物は、特定の化学物質だけに暴露を受けていることなどありえない。私たち人間を含めた地球上の動物は、いわば化学物質の海を泳いでいる状態にあるのだ。さらに、化学物質同士の相乗作用も予想される。

では、野生動物の立場からこの環境ホルモン問題の対策に向けて、どのように考えれば良いのだろうか。環境ホルモン問題で浮き彫りにされたのは、従来の公害問題のように特定の化学物質を削減するという発想の対策では必ずしも解決せず、化学物質全体の管理が必要であるということだ。こうした化学物質の管理に必要な社会的装置としてＰＲＴＲ（環境汚染物質排出・移動登録）制度が一九九九年にようやく法制度化された。これは、環境を汚染するおそれのある化学物質の環境中への排出量や廃棄物としての移動量を事業者からの報告に基づいて登録し、それを公表する仕組みのことである。しかし、ＰＣＢなどの有機塩素系化学物質のように、過去に排出された残留性の高い化学物質の管理手法を確立するのは、まだこれからなのである。しかも、途上国ではいまだにこれらの化学物質の排出や生産が続いている。だから、生物濃縮の影響を受けやすいカワウなどの魚食性野生動物や猛禽類などを、私たちは今後も注意深く監視してゆく必要があるだろう。

しかし、わが国の化学物質行政に生態系への影響を考慮する視点は薄い。一九六二年に出版された、こうした問題の先駆的業績である「沈黙の春」（注3）の中で、著者のレーチェル・カーソン女史はすでに人間の体の中に生態系を見ていた。わが国も人間中心主義では環境ホルモン問題が解決できないことをそろそろ理解しなくてはならない。

ただ、そのためには自然の変化に気付くように、自然を見つめ続ける努力が求められる。例えば、わが国では、物理的自然である気象観測のシステムは百年以上の歴史を誇る。ところが一方で、生物的自然の観測システムはほとんど整備されてこなかった。私自身も環境ホルモンパニックの最中、連日のマスコミ取材を受けながらこの問題を訴えたが、なかなか理解されなかった。

もっとも、こうした仕組みを一朝一夕に作ることは難しい。仕組み作りに向けての一つのヒントは、アザラシの大量死事件の際に活躍した市民活動だ。野生動物たちの異変にいち早く気付き、原因究明と絶滅の回避に向けて行われた活動には学ぶべきものがある。実際、わが国にもこうした活動は根付きつつある。また、バードウォッチングや自然観察などの市民活動も盛んになってきた。今後、環境ホルモン問題に対応するために必要なのは、こうした人たちの持つ情報を集め、野生動物に異変が起こった際に、適切な対応方針を発信する仕組みである。実は、こうした仕組みは、環境ホルモン問題に限らず、原油流出事故や伝染病などによる大量死事件などの危機管理には欠かせないものなのだ。

もちろん、監視することだけが解決策ではない。毒性の明らかな化学物質は、早急に排出量を削減する必要がある。その代表例がダイオキシン類だ。ようやく、一九九九年の国会でダイオキシン類対策特別措置法が成立して、ダイオキシン類の体重一キロあたりの耐用一日摂取量が四ピコグラム以下と定められた。問題は、この数値基準が人間のためだけのものであるということだ。

ダイオキシン類は脂肪親和性が高いため、乳製品、食肉、魚などから主に摂取される。もし私たち人間が摂取量を減らそうと思えば、こうした品目を食べなければよいわけだ。しかし、こうしたものを主食とする野生動物たちは、餌を選ぶことができない。特に、魚食性動物は、体重に比べて大量の餌を必要とするため、人間にとって安全と言われる魚を食べていても、耐用一日摂取量の数十倍のダイオキシン類を摂取してしまうのだ。人間にとっての安全基準など、野生動物にはなんの意味も持たないのである。

わが国ではこのところ、環境ホルモン問題に対する社会の関心は、一時の狂騒状態が収まると同時に、地球や生態系の汚染から人間自身や食品の安全性に矮小化されてきたように思える。しかし、地球は人間だけのものではないし、また人間は多様な野生生物のネットワークなしに存在はできないのである。環境ホルモン問題は、その意味で人間中心主義から生態系中心主義へ、私たち人間社会が思想的転換を図るように求めているのである（注4）。

（注1）アザラシ大量死事件に関しての詳細は、NHK取材班（1989）『地球汚染 第2巻』、日本放送出版協会
（注2）シーア・コルボーンほか（1997）『奪われし未来』、翔泳社
（注3）レーチェル・カーソン（1962）『沈黙の春』、新潮社から新装版（1989）
（注4）羽山伸一（1998）『環境ホルモン問題入門』、全日本病院出版会

第６章　移入種問題

捕獲されたアライグマの子ども（写真提供：葉山久世氏）

■——雑種ザルの発見

一九九八年四月、和歌山県から野生ニホンザルの実態調査を委託された調査会社の研究員が、有害駆除で捕獲されたサルの体を計測していて、おかしなことに気付いた。そのサルはオトナのオスで、体格的には普通のニホンザルであった。しかし、ニホンザルにしては異様に尻尾が長い。通常、ニホンザルの尾はせいぜい一〇センチ程度のものだが、このサルの尾は二九センチもあったのだ。もっとも、一般の方がこの捕獲されたサルを見ても特に違和感は感じなかっただろう。だいいち、観光地などでサルの絵が看板に書かれているのを見ると、だいたい長い尻尾をしている。わが国でのサルに対する認識はそんなものだろうが、そもそも日本にこんなサルはいないのである(図6—1)。

ともかくもこれは普通のサルではない。研究員はさっそくDNA鑑定をするために、そのサルの血液を京都大学霊長類研究所に送った。そこでの結果は意外なものであった。このサルは、ニホンザルとタイワンザルとの雑種だったのである(注1)。

ニホンザルは、分類学上、Macaca属(マカカぞく)の一種とされているが、アジアに分布するサルの大部分もこの属に含まれる。例えば、アカゲザル、カニクイザル、タイワンザル、ブタオザルといった、動物園やペットショップでおなじみのサルたちである。これらのサルたちは、過去数十万年のあいだにそれぞれの地域に適応しながら種として分化したと考えられている。そのため、遺

図６－１　和歌山県で見つかったタイワンザルとニホンザルの雑種個体
（写真提供：白井啓氏）

伝学的には比較的近縁であるために、現在でも飼育下で同居させると雑種をつくってしまうのだ。しかし、自然界ではこのようなことは起こらない。もともとわが国にはニホンザル以外のサルが生息していないのだから、雑種などできようはずがなかった。

では、この雑種の野生ザルは、なぜ和歌山県で発見されたのだろうか。実は、野生化したタイワンザルの群れが、和歌山市とそのお隣の海南市にまたがる地域で生息していることは、以前から知られていた。このタイワンザルたちは、四十年以上前に廃園となった遊園地から逃亡した群れを起源とすると考えられている。ただ、近年この地域にはニホンザルが生息していないこともあって、これまで雑種が発見されることはなかったのだろう。しかし、タイワンザルもニホンザルと同様に、オスは成熟すると自分の

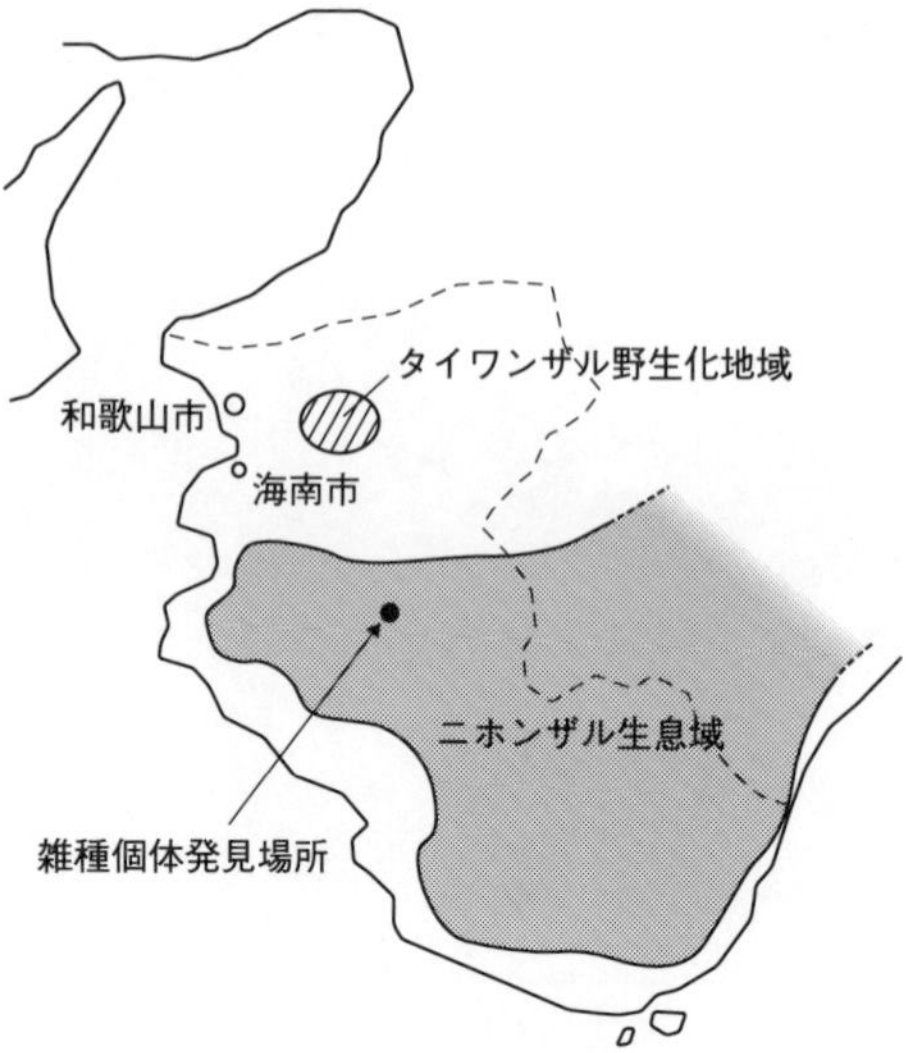

図6―2　タイワンザル野生化地域と雑種個体発見場所

群れから離脱する生態がある。当然、離れているとはいえ、ニホンザルの群れに入り込むことはあるだろう。逆に、ニホンザルのハナレオスがタイワンザルの群れに入り込んで雑種をつくることも考えられる。

今回、雑種ザルが発見されたのは、タイワンザルの生息域からおよそ二十キロも離れたニホンザルの生息域であった（図6―2）。この個体のミトコンドリアDNAを調べたところ、タイワンザル・タイプであることが判明した。ミトコンドリアDNAは母系遺伝するため（第1章参照）、この個体がタイワンザルの群れで生まれてから離脱した可能性が高い。つまり、すでに両種の個体の移動が頻繁に起こっていると考えられるのだ。

このような状況を放置すると、いずれはこの地域に純粋のニホンザルはいなくなり、すべてがタイワンザルとの雑種となってしまうだろう。さらに、問題は和歌山県だけのものに留まらない。和歌山県のニホンザルが属する地域個体群は、遠く中部山岳地帯にまで連続して分布している。こうした広大な範囲のニホンザルが、種として存続することが脅かされているのだ。数十万年の時間をかけて、進化が作り出してきたニホンザルというわが国固有の野生生物が、遺伝的には滅びてしまう可能性さえある。

実は、こうした雑種の問題は、世界的に多発している。例えば、野生のイノシシと野生化した家畜のブタとの交雑などは頻繁に起こっている。また、イギリスでは、かつて狩猟資源や家畜として導入されたニホンジカと、在来のアカシカが雑種をつくり、深刻な事態となっている。専門家によっては、これを「遺伝子汚染（gene pollution）」と呼んで、野生生物種の存続に脅威となっていると警告している。

和歌山県での雑種発見を受けて、日本霊長類学会などの研究者は事態を深刻に捉え、県や国に対して実態調査と緊急的な対策の必要性を訴えた。ようやく、二〇〇〇年八月に和歌山県は野生化したタイワンザルとその雑種を根絶する方針を打ち出し、専門家や地元関係者らによる検討会を発足させた。

今回のタイワンザルのように、ある地域にもともと自然状態では存在していないのに、その生物自身の移動能力を超えて、意図的かどうかにかかわらず人為的な要因で持ち込まれた生物を「移入種：alien species」と呼ぶ。この呼び名は耳慣れないかもしれないが、これまで外来動物とか帰化植物などと言われてきたものをすべて含む概念である。

■――移入種はなぜ問題か

移入種には、タイワンザルの場合のように国外から持ち込まれた生物だけではなく、国内で移動させられたものたちも含まれる。これまでも触れてきたように、野生生物は、たとえ種は同じであるとしても、地域的には固有の遺伝子集団を形成している。だから、国内であっても他の地域から持ち込まれた個体は、遺伝的に異なる性質を持っている可能性があり、こうしたことが安易に行われれば地域の遺伝子の多様性が攪乱されるおそれがある。例えば、最近のビオトープ作りなどでホタルやメダカを放すことが流行っているが、本来その地域に生息していない遺伝子集団を野生化させていることが多い。このようなケースも移入種であり、生物の多様性を保全する上で問題となっている。

移入種による生物の多様性への影響として考えられているのは、遺伝子汚染の問題だけではない。今や移入種による在来種の絶滅という事態が世界中で深刻化し、最近では野生生物種の絶滅原因として、移入種問題は乱獲や生息地の破壊と並ぶ脅威となっているのだ。

移入種問題は、これまでにも大きな影響が出るたびにメディアでも取り上げられてきた。例えば、現在、国内で話題となっている事例にマングースやアライグマ、あるいは野生化したヤギなどの問題がある（表6―1）。日本哺乳類学会の専門委員会の調査では、少なくとも現在では三〇種以上の移入哺乳類が定着していると考えられている。実際に生態系や人間生活に大きな影響が出ている事

表6－1　移入種問題の種類と事例（環境省まとめ）

① **在来種の捕食**
- マングース …… アマミノクロウサギ等の奄美の希少動物
- イタチ …… 三宅島のアカコッコ，トカラ列島のアカヒゲ等の地上性の小動物
- ノネコ …… ヤンバルクイナ，カラスバト等の地上性の小動物
- テン …… 佐渡島の小動物
- ブラックバス，ブルーギル …… 全国の在来の淡水魚

② **駆　逐**
- イタチ …… 北海道のエゾオコジョ
- カダヤシ …… メダカ
- ウチダザリガニ …… 北海道東部のニホンザリガニ
- セイヨウタンポポ …… ニホンタンポポ
- ブタクサ，セイタカアワダチソウ …… カワラノギク等在来植物

③ **交雑，遺伝子撹乱**
- タイワンザル …… 和歌山，下北等のニホンザル
- タイリクバラタナゴ …… 西日本のニッポンバラタナゴ
- ミナミイシガメ …… 沖縄のリュウキュウヤマガメ
- セイヨウオオマルハナバチ …… 在来のマルハナバチの遺伝子汚染

④ **植生破壊，農林業被害等**
- ノヤギ …… 小笠原聟(ムコ)島列島の植生破壊
- アライグマ …… 北海道，関東，中部等
- キョン …… 千葉，伊豆大島
- タイワンリス …… 神奈川等
- ヌートリア（巨大ネズミ） …… 中部，中国地方等
- リンゴガイ（ジャンボタニシ）

⑤ **人間への危害**
- ワニ，カミツキガメ等（遺棄ペット）
- アライグマ …… アライグマ回虫のおそれ

例も見られるため、一九九八年一〇月、日本哺乳類学会は移入種対策を緊急に実行するよう、関係方面に働きかけることを総会で決議した。

その後、この学会の総会決議で緊急性が指摘されたマングース問題には進展が見られた。もともとマングースは日本に生息しない野生動物だが、鹿児島県の奄美大島では、ハブを退治する動物と期待されて一九七〇年代に持ち込まれた。このように人間や農業などに被害を与える生物の天敵として、移入種を野生化させることは、とくに昆虫を中心に世界中で行われてきた。しかし、移入種を天敵として用いることは、地域の生物の多様性を侵害するばかりではなく、思わぬ影響を与えるこ

とがある。マングースの場合は、アマミノクロウサギなど絶滅のおそれのある野生動物を捕食したり、養鶏場を襲って被害を出したりといった問題が顕在化してきた。環境庁は絶滅危惧種を守るために、二〇〇〇年一〇月よりマングースの根絶作戦に着手した。

移入種対策へ緊急性が求められる理由は、在来種の絶滅を阻止するためである。これまで知られている野生動物の絶滅事例のうち、その絶滅原因が移入種によると考えられるものは、分類群によって異なるが、二〜四割にものぼるからだ。また、最近の絶滅の七五％は島で起こっており、その大部分が移入種によるものであるという。

こうした移入種による絶滅で、最大規模と言われているのがアフリカのビクトリア湖の事例である。この湖は世界第二位の面積を持ち、沿岸に面する三カ国ではこの湖からの漁獲が重要なタンパク源となっている。しかし、水産資源としての有用魚種が少なく、乱獲も問題となっていた。そこで、新たな水産資源と期待されたナイルパーチという移入種が一九五〇年代に放流された。このパーチは、体長二メートル、体重二〇〇キロにまで成長する肉食性の魚類である。ビクトリア湖には四〇〇種以上の固有種が生息していたと考えられているが、ナイルパーチの放流以降、少なくとも二〇〇種は絶滅したとみられる。

ただし、これらの大規模絶滅は、すべてがナイルパーチによる直接的な影響ではないようだ。ビクトリア湖の魚類相は、もともと草食性のカワスズメ科に属する種でほとんどが占められており、沿岸の藻類とバランスをとって生息していた。そこに肉食性の移入種が持ち込まれたために、在来種たちは個体数を減少させていった。一方で、沿岸では人口の急増などにより生活廃水や農業廃水が増加し、湖は富栄養化していった。これらの相乗効果で藻類の爆発的繁殖が起こり、沿岸域が酸欠状態に陥ってしまったのだ。在来種たちにとっての沿岸域は餌場であり産卵場所でもある。こうして、弱り目にたたり目ともいえるマイナススパイラル（絶滅の渦と呼ばれる）によって、多くの固有種が絶滅していったと考えられる。

わが国でも、肉食性魚類の移入種としてブラックバスなどが問題となっている。一部には、これらの魚の釣り愛好家が百万人を超えるなど、極めて資源性が高いことなどを理由に、根強い容認論もある。また、在来の淡水魚が減少しているのは、環境破壊などの影響も大きく、ブラックバスだけが悪者ではないという意見も聞かれる。しかし、ナイルパーチの事例を見れば、微妙なバランスによって成り立っている生態系にこのような移入種を持ち込んだ場合、破局的な影響が出ることも予想され、善玉・悪玉論などはナンセンスであり、決して容認できるものではない。

■――なぜ移入種問題は放置されてきたか

移入種による影響を排除するもっとも確実な方法は、生態系からの根絶である。これは時間との勝負になるので、実行するなら早い方が効果的である。しかし、日本に限らず、移入種問題の多くの事例では、影響が顕在化するまで放置されていることが普通だ。この原因は、結局のところ移入種問題への認識不足にあるわけだが、われわれ人間はどうしてこれほどまでに移入種に対して寛容、というよりも無神経なのだろうか。

それは、人類の歴史の通じて、移入種がわれわれの身の回りにごく普通に存在しているからにほかならない。例えば、わが国の田園風景を構成する野生生物の多くは、イネの伝来などに伴って持ち込まれた移入種である。ヨモギやヒガンバナにはじまり、春の七草のナズナや秋の七草のフジバカマなど、数え上げたらきりがない。これらは有史以前に持ち込まれた移入種であることから、「史前帰化植物」と呼ばれている。もちろん、それ以降に持ち込まれた移入種は膨大な数にのぼり、もはや視界に移入種が含まれない自然景観を探すことの方が難しいと言える。

さらに、移入種が珍奇であることなどから、愛でられたり保護の対象になっているものすらいる。例えば、カササギ（国の天然記念物、佐賀県の鳥）やイチョウ（東京都などの木）など、いずれも移入種である。

確かに、タイワンザルやマングース、あるいは農業害虫や病原性生物のように生態系や人間生活に大きな影響を与えている移入種もいるが、長い歴史の中で移入種のすべてがこうした影響を与えているわけでもなく、逆に人間にとって有益な移入種すらいる。このような状況の中でわれわれ人間が暮らしているのであるから、個別事例は別としても、移入種問題を深刻な事態と認識することはまずないだろう。国際的な環境問題のシンクタンクであるワールド・ウオッチ研究所のクリス・ブライトさんは、むしろ人類にとって移入種を拡散させるのは、文化の中にしっかり根付いた、ほとんど普遍的な一面である、と分析している（注2）。もしそうであるなら、誰が移入種問題を深刻に考えるだろうか。

ところが、事態はそれほど安穏とできるものではなくなっている。ビクトリア湖のナイルパーチの事例は、ごくまれな不幸なできごとではなく、もはや同じような破局的な状況が地球規模で起きるおそれすらあるのだ。その最大の原因となっているのは、この十数年の間に進行した経済のグローバル化とそれに伴う人や物の爆発的ともいえる移動量の増加である。たとえば、世界主要国の航空輸送量は、この二十年間で旅客、貨物ともに約四倍に増加している。そして、この増加は今後も続くと予想される。当然、移動する物の中には移入種も含まれているし、また移動する物や人にまぎれて非意図的に持ち込まれる移入種も増えるわけだ。

もちろん、こうした移入種がすべて持ち込まれた先で定着するわけではない。本来の生息地ではない環境で生き残るのは一般に容易なことではないからだ。ただ、移入種が定着するメカニズムもよくわかっているわけではない。現在のところ確かなことは、あくまで経験則として「一〇％ルール」と呼ばれるものくらいである。つまり、ある地域に持ち込まれた移入種のうち、およそ一〇％の種は繁殖可能な個体群を維持することに成功する。さらにそのうちの一〇％くらいの種は爆発的な増殖などによって生態系などに大きな影響を及ぼすのである。つまり、深刻な問題となる移入種は、全体の一％に過ぎないわけだ。かつてのように人間の移動能力が限られていた時代であれば、この程度の移入種の影響にも生態系はなんとか持ちこたえることができたのかもしれない。しかし、現在のような大量自由貿易の時代には、この一％という数字は脅威と考えなくてはならない。

このように、移入種問題は国際的な物や人の移動にかかわる問題であるために、地球規模での対策を講じなければ解決はできない。実は、これまでにも病害虫や伝染病の予防のために、検疫制度などを通じて特定の移入種を排除することは行われてきている。しかし、これらはあくまでも一次産業や人の健康を守るためのもので、生物の多様性を保全するという意識はなかった。

ようやく、一九九二年の地球サミットで「生物多様性条約」が締結され、移入種問題に対する国際的な取り組みが始まった。この条約では、締約国の義務として第8条(h)で「生態系、生息地若しくは種を脅かす外来種の導入を防止し又はそのような外来種を制御し若しくは撲滅すること」（注3）と規定したのだ。

その後、条約に基づく移入種対策のガイドライン作りに向けての議論が活発化する。二〇〇〇年に開催された第五回締約国会議では、移入種問題への取り組みに関する決議がなされ、二〇〇二年に予定されている第六回締約国会議には指針原則の確立を目指すことになった。

■——移入種問題をどう考えるか

現実問題として、これほど多くの移入種が身の回りにあふれている状況で、多くの人にとっては何から手をつければよいのかわからないというのが実態であろう。現実問題として、すでに定着してしまっている移入種をすべて根絶することなど不可能であるし、またすべての生物種の移動を地球規模で禁止することなど、現状では理解を得られようはずがない。もちろん、こうしたことは生物の多様性を保全する立場からは正当化されるべきであるが、当面の目標にはなりえないのである。では、この問題をどのように考えていったらよいだろうか。

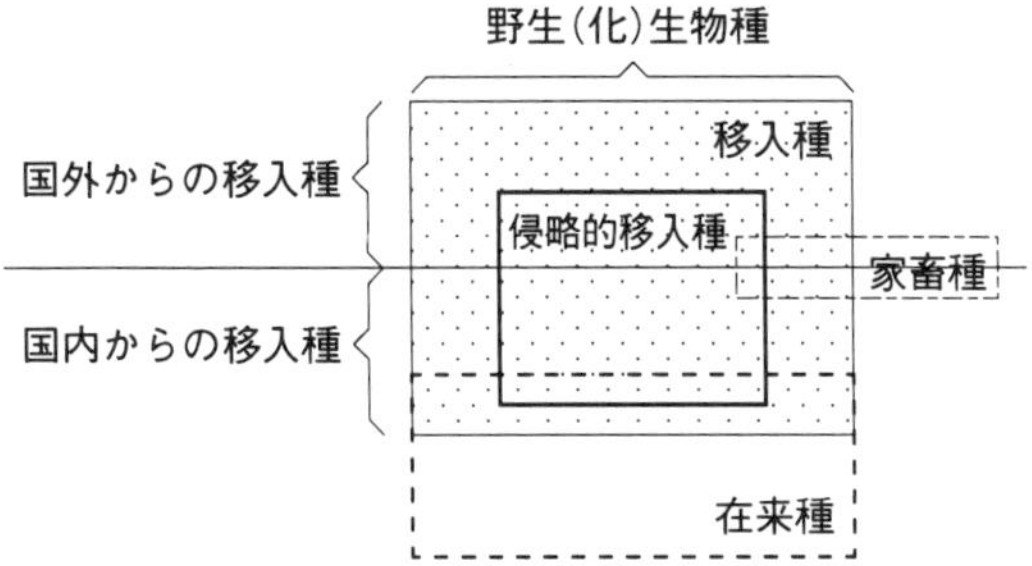

図6－3　移入種対策の考え方

国際自然保護連合（IUCN）は、条約第8条(h)を実効あるものとするため、二〇〇〇年二月に移入種対策のガイドラインを策定した。このガイドラインでの考え方はこうだ。

まず、生物種を三つのカテゴリーに分ける（図6―3）。第一が、本来の自然状態で生息する野生生物種で「在来種(native species)」。第二が、それ以外の、つまり本来の自然状態では生息せず、人間によって持ち込まれた生物種で「移入種（alien species）」。第三が、移入種のうち、定着することによって生物の多様性を変化させ、また脅かすもので「侵略的移入種（alien invasive species）」。なお、ここで定義されている「種」とは、種、亜種、またはそれ以下の分類単位をも含んでいる。

このように分けたことで、現状で最優先に取り組まなければならないのは、侵略的移入種への対策であることが明確になる。まず、この侵略的移入種リストを作ることが必要だ。もちろん、その数も膨大なものになるかもしれない。いずれにせよ、限られた時間と予算と人手で最大限の効果を発揮させるには、このような優先順位リストが欠かせない。当然、最初から完璧なリストはできないだろうし、また最初は侵略的移入種と判定されなかったものでも、長期的には侵略的移入種となってしまうかもしれない。これらを補ってゆくためには、移入種に対するモニタリング体制の整備が必要だ。

前述したように、侵略的移入種に対して行うべき対策は、生態系からの「根絶」が原則である。しかし、多くの場合、すでに手遅れになっている可能性もある。次善の策として実行する場合には、特定の地域への「封じ込め（拡散防止）」と、個体数調整や被害防止対策などによる「長期的制御」が必要だ。

しかし、あくまでもこれらは対症療法に過ぎない。目標とするのは予防原則である。つまり、もうこれ以上、移入種となるおそれのある生物種を持ち込ませないことである。そこでＩＵＣＮのガイドラインでは、非意図的に持ち込まれる移入種に対する検査体制の強化と、意図的に持ち込まれる移入種の審査体制の確立を求めている。これの意味するところは、要するにあらゆる生物種（生きていれば個体も種子も含まれる）を原則持ち込み禁止にするということだ。そのうえで、生物の多様性に影響を与えないことが科学的に証明された生物種に限って、持ち込みを認可するという考え方である。

これほどシビアなガイドラインが各国政府から受け入れられるかどうかは、今のところわからないが、いずれにしても移入種問題が地球規模で極めて深刻な事態となっていることを、このガイドラインは示している。

■——ニュージーランドの取り組み

それでも、このような移入種対策は本当に実行可能なのだろうか。実は、世界に先駆けて取り組んでいる国がある。それは、ニュージーランドだ。

この島国は、約八千万年前にゴンドワナ大陸から分離して以来、地理的にも進化史的にも、さらに人類史的にも孤立してきた。そのため、在来種が移入種に対して極めて脆弱であった。約八百年前に人類が渡来し、さらにその後植民地化される中で、多くの移入種が持ち込まれた。それによって、たとえば鳥類の場合、少なくとも三五種が絶滅している。哺乳類相はもともと貧弱で、ニュージーランドにはコウモリが三種しか生息していなかったが、現在では、七種のシカをはじめとして、オーストラリア原産のフクロギツネ、ドブネズミなどの野生種から、ブタやヤギなどの家畜種までが陸上を席巻している。また、植物相では、在来種の維管束植物が二四一〇種確認されているが、このほかに二〇七〇種の移入種が加わる。これらの移入種は、生物の多様性に甚大な影響を与えるばかりではなく、対策費などで年間四億二千万USドルの経済的損失があると試算されている。

このような深刻な事態に、ニュージーランドは一九九三年に「Biosecurity Act（生物安全保障法）」

を成立させた。この法律によって、新たに侵入が確認された生物種や侵略的移入種と判断された生物種を根絶する権限が政府に与えられた。また、すでに定着している有害な鳥獣や昆虫類に対して、国または地域は、その管理戦略を策定すれば、長期的な制御ができるようになった。

これで侵略的移入種への対症療法が法的に可能となったわけだが、前述したように抜本的対策として必要なのは、予防原則の実行だ。そこで、一九九六年には包括的な法律として「Hazardous Substances and New Organisms Act（有害物質及び新生物法）」を制定した。この法律によって、今後いっさいの新たな生物（新生物）が政府の承認なしにはニュージーランドに持ち込めなくなった。この新生物には、移入種はもちろんのこと、遺伝子組換え生物も含まれる。

この法律の画期的な点は、予防原則を導入したことばかりではない。移入種対策を実行する上で、どこの国でも問題になっている縦割り行政の弊害を打破するために、対策の権限を一元化したのである。移入種問題はあらゆる分野にまたがっているため、縦割りのシステムでは責任の所在があいまいになってしまう（第1章の麻布のサル事件を思い出していただきたい）。

そこで、ニュージーランドでは環境省に環境リスク管理局を設置して、移入種の持ち込みにかかわる許可申請をすべて審査させることにした。また、国外からの持ち込みに対する水際規制を担当しているのは、農業林業省、漁業省、厚生省、環境省であるが、これらの機関が行う検査業務の総合的な管理を行うために、生物安全保障大臣を置くことにしたのである。

この法律が施行された後、実際の現場で聞くエピソードから、そのポリシーの徹底ぶりがうかがい知れる。たとえば、旅行者などが不用意に移入種を持ち込むのを防ぐために、税関では「移入種探知犬」とでもいうようなイヌが見張っているとか、国際郵便物はすべてチェックされるとか、ペットショップでは原則的に犬猫と熱帯魚しか販売しない、などなど。

これほどの強い規制をかけたことで、国際関係上、もっとも心配されるのはWTO（世界貿易機構）などの自由貿易を推進する機関との調整である。しかし、移入種対策による貿易規制は自由貿易主義に反しないと、ニュージーランドの移入種専門家であるレン・グリーン博士は、以下のように明快に論じている。

もし、無制限に移入種が持ち込まれて、その対策に大きなコストがかかった場合、それはすべて輸入国の負担になってしまう。当然、輸入国の権利として一定の輸入制限は認められるべきで、保護主義的な規制とは一線を画するものだ。「自由（free）」と「タダ（free）」は同じではないのである。

■――日本の現状

さて、翻って日本の場合を考えてみよう。あまりにも移入種に対して無防備な実情に愕然とする。ようやく日本政府は、生物多様性条約締約国会議の決議を受けて今後の対応方針を検討するための専門家会議を、二〇〇〇年八月、環境庁に設置した。私もこの会議のメンバーとして議論に参加しているが、縦割り行政の壁を乗り越えて対策が実行できるかどうかが焦点となるだろう。

例えば、表6―2に示したように、現在わが国で移入種問題にかかわる法制度は多数あり、しかもいくつもの省庁に分散している。もちろん、ほとんどの場合、それぞれの立法の趣旨に、生物の多様性の保全や移入種対策が想定されているわけではないので、これから改正や運用の見直しなどを検討する必要がある。しかし、当然、産業サイドへの規制強化につながるような方向に対しては、反発も予想される。

こうした局面では、政治的な指導力が期待されるわけだが、残念ながら今の段階で移入種問題への認識は低いと言わざるを得ない。これは、国民の意識が反映する問題であるから、わが国で最も力を入れなければならない移入種対策は、教育活動であると言えるかもしれない。

最近、こうした国民の意識を知る上で、興味深い世論調査が行われた。これは、総理府が二〇〇〇年六月に実施した動物愛護にかかわる調査で、ペットの飼育状況や飼育の是非などを問うものである。この中で、移入種問題に関係して、「外国産野生動物をペットとして飼育することの是非」という設問があった。これに対する回答は、「個人の責任で自由に飼ってもよい」が一四・五%、「規制により問題がないものに限定すれば飼ってもよい」が二八・九%、「ペットとして飼うべきではない」が四九・二%という結果であった。

また、「飼うべきではない」と答えた者に対してその理由を尋ねた問いに対しては、「野生動物は自然のままにしておいた方がよい」が五七・二%、「逃げ出したり捨てられた場合に、予想されない

表6－2　移入種問題に対する現行規制例

法律等	所管	規制概要
【輸入検疫等】		
植物防疫法	農水省	作物等に対する有害動植物の検疫等
家畜伝染病予防法	農水省	家畜伝染病予防の観点からの検疫等
感染症予防法	厚生労働省	サルの輸入禁止
狂犬病予防法	厚生労働省	イヌ，ネコ，アライグマ，キツネ，スカンクの検疫等
外国為替及び外国貿易法	経済産業省	ワシントン条約対象種の輸入規制
【放棄，放逐規制等】		
動物愛護管理法	環境省	愛護動物の遺棄禁止 動物取扱業者の届け出
危険動物条例	(各県)	危険動物の飼養制限 (39県で条例制定)
飼いネコ適正飼養条例	(小笠原村)	飼いネコの登録義務
水産資源保護法	水産庁	水産資源の検疫
内水面漁業調整規則	(各県)	ブラックバス等の移植（放流）の制限 (45県で実施中)
鳥獣保護法	環境省	鳥獣保護区特別保護地区内の指定区域での放逐禁止（指定区域は2例のみ）
種の保存法	環境省	生息地等保護区内の指定区域での放逐禁止 (例なし)
自然公園法，自環法	環境省	なし
二国間渡り鳥保護条約		島嶼生態系への動物の持ち込み規制 (努力規定)

環境省野生生物課とりまとめ

ような人への危害や農作物被害などが生じるおそれがある」が五二・六％、「外国から新しい病気を持ち込むおそれがある」が三四・二％、「逃げ出したり捨てられた場合に、在来の動物を滅ぼすなど生態系への悪影響を及ぼすおそれがある」が三二・四％という回答が得られた（複数回答）。

これらの結果をどのように評価するかは、さらに詳細な検討が必要であるが、大雑把に言って移入種問題に対して意識を持つ国民は少数派であることがわかる。それでも、飼育容認派は全体の半数以下であるし、この数字を楽観的に見ることも可能だが、実は必ずしもそう言いきれない側面もある。その大きな理由は、世代間による意識の違いである。この調査では、世代別の統計もとっているのだが、飼育容認派は若い世代ほど増える傾向が顕著で、七〇歳以上が二〇・一％であるのに対して、二十代では実に七〇・五％に昇るのである。つまり、今後、ますます国民に占める飼育容認派の割合は増えつづけることが予想されるのだ。

このような国民の意識の一端を見る限り、移入種対策が一筋縄でいかないことは明白である。しかし、移入種対策が時間との闘いであることを考えれば、国民の意識が変わるのを待っているわけにもいかない。重要なことは、常に政策が国民の意識の一歩前を歩んでゆくことだろう。

その点では、このところ国政レベルよりも、地方自治体の取り組みが先行している。二〇〇〇年一二月に、東京都が大幅に改正した「東京における自然の保護と回復に関する条例」では、全国で初めて生態系に悪影響を及ぼす移入種の放逐や植栽を禁止し、とくに希少野生動植物保護区に指定された地域にこうした移入種を許可なく導入したものには罰則規定まで設けている。もちろん、監視体制などが不充分な現状で、実効性に疑問はあるとはいえ、小笠原など国際的にも貴重な自然地域を有する東京都の決断は、評価されるべきものだろう。

また、北海道は、二〇〇〇年の動物の愛護及び管理に関する法律の改正を受け、いわゆるペット条例の見直しを進める中で、移入種対策を盛り込むこととした。これは、アライグマなどのペット由来の動物による移入種問題へ対応するために、法律では規定のない「特定移入動物」を指定して、その販売と飼育に一定の規制を加えようというものである。この特定移入動物とは、もともと北海道に生息していない動物で、在来の生態系に悪影響を及ぼすおそれのあるものである。本来であれば、こうしたものを法律で規定すべきであったのだが、今回の法改正では見送られた経緯がある。今後、この法律が環境省の所管となったことで、改めて移入種への対応を検討すべきだろう。いずれにしても、北海道の取り組みが、他の自治体へ波及することを期待したい。

■——動物福祉と移入種問題

これまで、移入種対策の基本は、「生態系からの根絶」であると何度も繰り返してきた。しかし、根絶させられる生き物の立場からすれば、大いに迷惑な話であるし、だいたい、彼らはすき好んで移入種になったわけでもない。ただし、彼らに責任がないからと言って、もし侵略的移入種と判断されれば、放置するという選択肢を認めることはできない。もちろん、輸入や流通の規制を放置して、根絶だけが推進されている現状を肯定すべきでないのは当然である。

前述した和歌山県のタイワンザル問題では、タイワンザルとその雑種をすべて捕獲して安楽死させるという当初の県の方針に対して、あまりにも人間の勝手ではないかといった批判的な意見が寄せられた。他の移入種対策でもしばしば問題になることだが、「移入種＝殺す」という図式を行政やマスコミは安易に使いすぎるようだ。とくに、対象となる移入種が哺乳類の場合には、市民からの理解が得られにくくなる。これに対して「保護と愛護は違う」などという説得は、あまり効果的ではない。移入種を生態系から根絶するということと、捕獲された個体をどのように扱うかとは、まったく別次元の問題だからである。次元の違う問題を混同して議論してもなにも得るところはない。

しかし、では生態系から除去された個体はどうすれば良いのだろうか。人道的に取り扱うことが前提なのは当然だが、実はこういった問題には多様な意見があり、正解があるわけでもない。現状を考えれば、地域の実情に応じて合意形成を図るしか、解決の道はないだろう。例えば、責任ある引き取り先があれば、永久的に飼育することもありうるだろう。神奈川県では、動物愛護団体との話し合いによって、捕獲されたアライグマの幼獣を殺さずにボランティアが引き取り、それ以外の個体は県の責任で安楽死させている（注4）。

ところで、タイワンザル問題に対する市民からの意見の中に、避妊処置をして、野生に返したらどうかという提案があった。これは、ニホンザルとの雑種を作ることがいけないのだから、捕獲したタイワンザルたちに避妊手術をすれば、問題は解決するではないかというものだ。確かに、一見名案のようにも受け取られるだろう。けれども、この案は移入種問題の本質を見失わせるものだ。

もちろん、これで雑種をつくるという問題はなくすことができるだろう。しかし、近い将来には、タイワンザルが現在生息している地域にニホンザルの分布が回復してくる可能性が高い。雑種を作らなくても、競合関係になって影響が出るおそれがある。さらに、今は私たちが認識できない影響が出てくる可能性もある。このような短絡的な対策は危険で、それを侵すだけの積極的な理由は、タイワンザルのケースでは認められない。これは、決して動物福祉と相入れない考えではない。つまり、生態系の中で優先されるのは生物の多様性の保全であって、移入種の個体の保護は人間の管理下で行うべきものであるということだ。

ところが、その後和歌山県は、安楽死処分に対する批判を受けて、こともあろうに捕獲したタイワンザルを離島に再移入させることを検討していると発表した。これでは何のための移入種対策かわからなくなってしまうし、他の地域での移入種対策に大きな影響を与えることも懸念される。そもそも生物多様性の保全の立場からは、すべての移入種は排除されるべき存在なのである。ただ、現実問題としてすべての移入種を排除することが不可能であるから、影響が大きいものから対策を講じる必要があるだけなのである。だから、せっかく捕獲した個体を別の地域でわざわざ野生に帰すような愚はおかすべきではない。さすがにこの案に対しては、関係学会などから強い反対意見が相次いで、和歌山県としては断念せざるを得なくなった。

その後、自ら決断が下せなくなった和歌山県は、捕獲したタイワンザルの処分方法をアンケートによって県民に問うという、前代未聞の行動に出た。これは有権者から無作為に抽出された千人を対象に、安楽死を選択するか動物園で終生飼育するかの二者択一を問うものである。それぞれの案には、提案の理由などの資料が付されているが、動物園に飼育を委託する場合には、約一一億円を税金で負担する必要があるとしている。

このアンケート調査は、一見、民主的な方法に思えるが、しかし県がこれまでに十分な説明責任を果たし、県民との対話を繰り返していれば、このような事態にはならなかったはずだ。しかも、移入種対策の本質とは関係無い動物の処分方法をめぐって、一年もの間、対策を棚上げにしてきた県の責任は重い。

最終的にアンケートでは、六三・九％（回答率六四・八％）の県民が安楽死案を支持するという結果になり、二〇〇一年六月一四日に県の自然環境保全審議会鳥獣部会は、原則安楽死の方針を確認した。

今後、和歌山県の事例のように、動物の処分方法をめぐって移入種対策が先延ばしにされるのは、ぜひとも避けなければならない。そのための唯一の手法は、行政が合意形成の場を繰り返し用意して、移入種問題への理解を得ることである。

結局、移入種問題を突き詰めて行くと、われわれ人間にとってありのままの自然とは何か、守るべき自然の姿とは何か、といったことが問われていると気付かされる。移入種問題を通して、われわれわれは生物の多様性を保全するということの意味を改めて考える必要がありそうだ。長い歴史の中で、人間は移入種の存在を必ずしも悪いこととして意識せず、むしろ「善」であるとさえ考えた場合もある。これは、「なぜ生物の多様性を保全することが必要なのか」という問いに対する「人間の役に立つからだ」という答えとも同質な、人間中心主義的なものだろう。

たしかに人間中心主義は多くの人の理解を得やすいが、必ずしもそれで生物の多様性は保全できない。その立場に留まれば、移入種問題の根本的な解決も難しいだろう。今、われわれは、その解決に向けて移入種の存在を「悪」と認める必要がある。ここでいう「悪」とは、移入種を存在させてしまったり、あるいはその存在を許容する人間の行為を指している。「悪」と認めるためには、人間中心主義を乗り越えて、「ありのままの自然に価値を求める」という立場に立たねばなるまい。

その立場に立てば、移入種対策が単なる「純血主義」によって異物を排除したり、締め出したりするものではないことが理解できよう。これらは人間にとって、ありのままの自然を取り戻すための作業の一部であり、また、ありのままの自然を理解するための過程でもあるのだ。

（注1）川本芳ほか（1999）「和歌山県におけるニホンザルとタイワンザルの混血の事例」、『霊長類研究』、15、53―60

（注2）クリス・ブライト（1999）『生態系を破壊する小さなインベーダー』、家の光協会

（注3）訳文は、地球環境法研究会編（1999）『地球環境条約集 第3版』、中央法規　に拠った。

（注4）ここで言う「安楽死」とは、「動物を処分する際に苦痛を伴わないで致死させること」であり、人間に対する安楽死問題とは本質的に異なる。

第７章　絶滅危惧種問題

兵庫県立コウノトリの郷公園で野生復帰を待つコウノトリ

■——トキの誕生

一九九九年五月二一日、新潟県佐渡のトキ保護センターで、飼育下ではわが国初めての雛《ひな》が誕生した。ニッポニア・ニッポンの学名を持つこの鳥の誕生に、世論は大きく沸いた。その翌年も二羽の雛が誕生し、にわかにトキの復活を期待させる事態となってきた。

ただし、この雛たちの親は中国産のトキである。すでに日本産のトキは高齢のメスが一羽だけとなっていて、日本産のトキの絶滅は秒読み段階にある。中国から借りてきた親の産んだ卵が日本で孵化しただけのことで、日本のトキが絶滅することに変わりはない、という冷ややかな意見もあった。われわれは、この雛たちの誕生をどのように受けとめれば良いのだろうか。

日本産のトキが野生下で絶滅したのは、一九八一年のことである。わが国最後の生息地である佐渡では、七十年代には十羽足らずの集団がかろうじて生き残っていた。しかし、野生下での繁殖が成功せず、環境庁はすべての個体を捕獲して飼育下繁殖を行う方針を固めた。一方で、地元では生息環境の改善などによって自然繁殖を進めるべきであるという反対意見が根強く、世論を二分する論争に発展した。当時、学生であった私も、仲間同士で「人工繁殖」の是非を議論した記憶がある。

結局、一九八〇年一二月には最後の五羽となったトキの全個体捕獲作戦が始まった。翌月にようやく捕獲は成功し、人間の手によって野生下のトキは絶滅した。この時点で種としての絶滅を回避するために、全個体捕獲による飼育下繁殖を決断したことに対する評価は、後世にわたる検証によって行われるべきもので、ここで判断することは難しい。一般論としては、地球上にたった五羽だけしか生き残っていないと考えられていた状況で、自然条件下での種の存続は極めて困難であったと言わざるを得ない。ただし一方で、この当時のトキの飼育技術は未知の部分が多すぎた。いずれにしても、時すでに遅しであったのである。

日本で野生下のトキが絶滅した四カ月後、すでに絶滅したと考えられていた中国で、七羽のトキが発見された。今回佐渡で誕生した雛たちは、この七羽の末裔である。発見されたのは陝西省洋県という泰嶺山脈のふもとの農村地帯だ（図7—1）。この地域には、トキたちのその後にとって日本の状況とは決定的に違う有利な点がいくつかあった。まず、当時からこの地域ではほとんど農薬が使われていなかった。当然、水田や周囲の川などに餌となる生き物がそろっていた。また、日本で問題となっていた農薬によるトキの生殖への影響も少なかったと思われる。

図7－1　佐渡と洋県

さらに、農作業が機械化されず、水牛を使う農法が現在も続いている。日本の水田地帯から魚やカエルなどが消えた大きな理由の一つに、機械化に対応するための乾田化が挙げられる。水田に大型の機械を入れるためには、イネが水を要求する時以外は田を乾かす必要があった。ある程度水田の地盤が固くなければ機械が沈んで動けなくなってしまうからだ。また、効率的に機械で作業をするには、狭いあぜ道や小さな田んぼは向かない。農道を整備して、一枚の田を大きくする必要がある。当然、それまで水田に網の目のように張り巡らされた水路は邪魔となり、田んぼの水はポンプで供給されるようになった。こうした環境では、魚やカエルは水田地帯で冬を越すことができない。餌のなくなった環境ではトキも暮らせるはずはないが、洋県では機械化が進まなかったことが幸いした。

しかも、発見当時、このトキたちには雛が含まれていた。野生状態での繁殖に成功している証拠である。中国政府や陝西省は、まず野生個体群とその生息環境を保全する政策を打ち出した。その結果、現在までにこの地域のトキは約百羽にまで回復することになる。また、一方で、傷ついたりして保護された個体などを保護センターや動物園に集め、飼育下繁殖の試みも同時に行ってきた。こちらも現在では約百羽に増えている。(注1)

■──生息域外保全

絶滅に瀕した野生動物を保護する場合、中国のトキのように野生状態で増殖させることが本来は望ましい。それは、われわれの守るべきものが「進化」であって、単なる「生命」ではないからだ。動物を檻《おり》の中だけで存続させることは、ある程度可能である。また、生殖細胞や体細胞を冷凍保存しておけば、将来、クローン技術などによってその種を復活させることも可能かもしれない。しかし、これらの方法では「生命」の保存はできても「進化」を保証することはできない。野生動物は自然環境の中で進化しながら生き続けるものである。進化しない生き物は野生動物とは言えないのだ。

しかし、中国のトキはまだ絶滅を回避できるほどの個体数とは言い難い。自立した野生個体がおおむね五〇〇個体を超えなければ、いつ再び絶滅の淵に追いやられるとも限らないのである。このような状況にある場合、飼育下で維持されている集団の存在は重要である。いわば不測の事態に備えた、保険のようなものである。現在、中国では洋県の保護センターと北京動物園の二カ所で飼育下での人工増殖に取り組んでいる。

ただ、これで安心できるわけではない。個体数が激減してしまった集団では遺伝的な多様性が失われてしまっている。今のところ順調に個体数が回復しつつあるが、近親交配による悪影響の出る可能性が高いのである。例えば、環境の激変や伝染病などに対する抵抗性が失われていると予想され、野生下でも飼育下でも集団がいつ全滅するとも限らない。このような事態を避け、種を存続させる確率を上げるためには、集団を分散させることと、近親交配をなるべくさせないように人間が

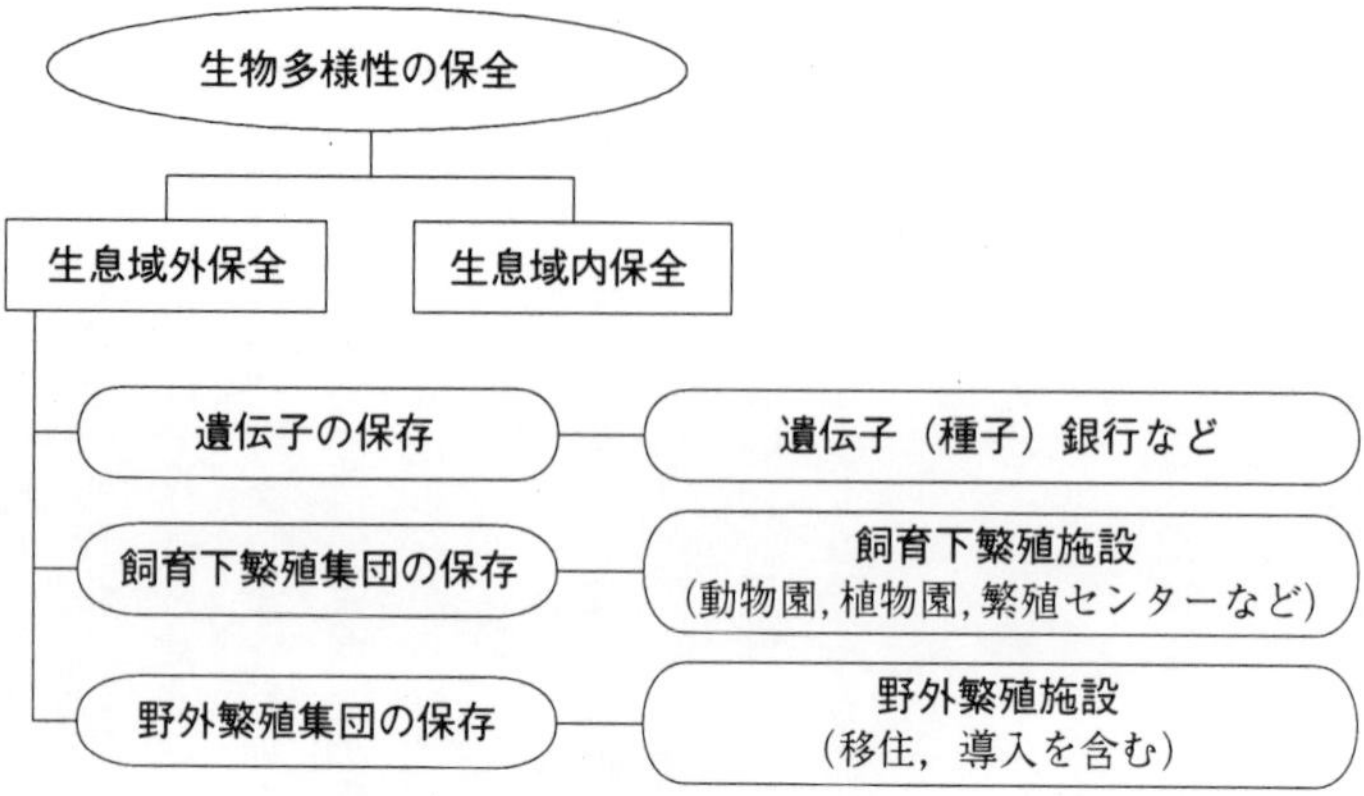

図７－２　生息域外保全の概念図

遺伝的な管理を行うことが必要になる。このような取り組みを本来の生息地以外で行うことは、「生息域外保全」と呼ばれている（図７―２）。

ただし、生息域外保全には莫大な労力と予算が必要となる。中国では、すでに予算不足に直面しているという。そこで期待されるのが日本の佐渡トキ保護センターだ。一九九五年に最後の望みをかけたオス（個体名・ミドリ）の死亡で、日本のトキの絶滅が確定したため、すでに日本のトキを保護するという役割は終わった。しかし、中国から贈られたトキから新たな雛が誕生したことで、今後は、絶滅に瀕した国際保護鳥トキの新たな人工増殖施設としての大きな役割が出てきたといえる。

当面、佐渡トキ保護センターでは、生息域外保全の新たな拠点として人工増殖が続けられるが、ある程度の個体数が確保されれば日本での野生復帰も視野に入ってくるだろう。自然環境に順応した集団として保存することがより望ましいからだ。中国側からは、日本での野生復帰を新たな野生下における生息域外保全の取り組みとして位置付けることができる。一方で日本では、かつて生息した地域に「再導入」した集団として、生物多様性を回復させる上で大きな意味を持つ。

実は、もともとトキには中国と日本との間を渡る集団もいて、遺伝的にほとんど差がないと言われている。トキがいまだに種としての絶滅を回避できていない状況を考えると、日本産、中国産と区別する意義はあまりないのかもしれない。むしろ、日本で野生のトキが空を舞っていた記憶を持つ人たちがいるうちに、積極的に野生復帰の可能性を探ることが、絶滅を回避させるためには重要だと思われる。

■——動物園の役割

ところで、現在、生息域外保全のための保護施設を必要としている絶滅に瀕した野生動物は、地球規模でおよそ二〇〇〇種類と言われている。これだけの種類に対応するために、今から新たな施設を作る時間も資金もないといってよいだろう。そこで、これらの保護施設として期待されるのが、世界に一二〇〇ほどある動物園の役割である。

日本で動物園というと、日曜日に家族サービスやデートで行くところと相場が決まっている。しかし、このようなレクレーションの役割のほかに、実は動物園には教育や研究、そして自然保護といった役割がある。ただ残念ながら、なかなかこうした認識が、わが国の世論や動物園経営者である自治体などに広まらないのが実情である。

もう一五年ほど前になるが、知人がアメリカのサン・ディエゴ動物園に行ったお土産に、オリジナルTシャツを買ってきてくれたことがある。このTシャツを一目見て、私はとても大きなショックを受けた。デザイン的には、シンボルマークのジャガーのイラストが目を引くだけのどこにでもあるものなのだが、その周りには「RECREATION, EDUCATION, CONSERVATION（娯楽、教育、自然保護）」というロゴがあしらわれているのだ。これを漢字で書いたTシャツが日本の動物園で売られていたら、はたして誰が買うだろうか。

それに、動物園が教育や自然保護の場であるということを、当時の日本の動物園で宣言しているところは少数派であった。今でこそ、ブリーディング・ローンという制度で、複数の動物園が協力してゴリラなどの絶滅に瀕する野生動物を一カ所の施設に集め、繁殖に取り組んでいるが、これなど当時では夢のような話であった。私立の動物園ならまだしも、公立の動物園でさえ、絶滅に瀕する野生動物も机や椅子と同じ自治体の財産なので貸し借りはできないといった対応だった。それが、アメリカではお土産のTシャツにまで教育や自然保護と書かれているのである。

もっとも、こうした背景には欧米の動物園がおもに動物学会などの施設として運営されてきたこととも無縁ではないだろう。ただし、ほかにもいくつかの社会的背景が絡んでいて、例えば、動物園で飼育されている動物の福祉上の問題を解決する過程で、欧米の動物園が教育や自然保護といった公共的な役割を果たさざるを得なくなったことも一因となっている。

イギリスでは、一九八一年に「動物園免許法」が制定された。これは、動物園での動物の飼育が適正に行われているかどうかを、四年ごとに政府の任命した動物園査察官が査察を行い、動物園の経営に許可を与えるという法律だ。この査察のための基準は政府によって決定されるわけだが、衛生管理や飼育環境の基準にはじまり、職員の資格や観客用のトイレについてまで定めている。この法律によって、それまで劣悪な環境で飼育や展示を行っていた動物園は、閉園に追い込まれたのである。

この法律が制定された後、市民による動物園の監視活動が始まった。ズー・チェックと呼ばれるこの市民運動は、八十年代にヨーロッパ諸国の動物園を調査し、問題のある動物園のリストを作成した。こうした調査をもとに、当時のEC（ヨーロッパ連合）は動物園令を作ることになる。さらにズーチェック運動は世界的な広がりを見せ、ついに一九九六年にはNGOの招きでイギリスの動物園査察官が来日し、わが国の動物園一〇園がチェックを受けた。

こうした一連の市民運動によって、動物園は営利目的の見世物施設では存在することが難しくなってきた。そこで、生きた野生動物を利用した環境教育や、絶滅に瀕した種の保存などの公共的な役割を担う施設として、動物園の使命を自ら訴えるようになってきたのだ。わが国でも、初めてのズーチェック以降、動物園関係者が中心となって動物園の役割を見直すシンポジウムなどが開かれるようになってきた。実は、わが国はおよそ一五〇もの動物園を保有する世界一の動物園大国で、今後の地球規模での生息域外保全を発展させて行くために、日本の動物園が変わることはとても大きな意味を持つのである。

さて、では動物園が絶滅に瀕した野生動物をすべて救うことができるのだろうか。ブロンクス動物園（米国・ニューヨーク市）のウィリアム・コンウェイ園長の試算では、世界の動物園が今ある敷地面積のおよそ半分をこうした動物の飼育下繁殖に提供すれば、約八〇〇の存続可能な個体群を創出できるという。これは、極めて楽観的な数字で、しかも先ほど述べたように、生息域外保全を必要としている二〇〇〇種あまりの野生動物の半数にも満たない。しかし、だからといって動物園がまったくの無力であるという数字でもない。すべての生息域外保全を動物園に期待できないことは明らかだが、その気になれば動物園は大きな役割を果たしうると言えるのだ（注2）。

■――レッドリスト

これまで生息域外保全によって野生動物の絶滅を回避する取り組みについて紹介してきた。これらは、改めて説明するまでもないが、野生動物の保護にとってはあくまでも緊急避難的なものであって、本来、中心的な課題ではない。もともとの生息地だけで野生個体群を存続させられるのなら、それが最良の選択肢なのである。

これ自体は誰もが認めるところであろうが、それを実現する上で一番大事な問題なのは、生息地での保護を誰が責任を持って行うのかである。生息域外保全の場合では、なんらかの施設やプロジェクトによって行われるから、必ず主体となる政府や団体などが存在する。しかし、もともとの生息地に暮らす野生の動物たちの保護は、誰の責任なのだろうか。そもそも、野生動物が絶滅した場合、誰かが責任をとるのだろうか。それ以前に、野生動物を絶滅させることは禁止された行為なのだろうか。

実は、わが国ではつい最近まで野生の生物種の絶滅に関して、何の法的な規定も存在していなかった。ようやく、一九九二年に開催された地球サミットで生物多様性条約が批准されることなどを背景にして、「絶滅のおそれのある野生動植物の種の保存に関する法律（通称・種の保存法）」が成立し、一九九三年から施行された。これによって、わが国の憲政史上初めて、野生生物種の絶滅を回避させることが行政の責務となった。

しかし、絶滅を回避させるには、それぞれの野生生物種の現状を常に把握して、さらにそれを分析した上で評価しなければならない。こうした作業を行うことで、保護対策を優先すべき生物種をリストアップすることが可能となり、限られた時間や予算で最大限の効果を発揮できるのだ。このような一連の作業によって作られるのがレッドリストと呼ばれるものだ。

わが国では、一九八九年に初めてのレッドリストがＮＧＯ（植物版のみ、日本自然保護協会と世界自然保護基金日本委員会の共同）から出版された。一九九一年には環境庁による動物版のレッドリストが公表され、ようやくわが国における絶滅に瀕した野生生物種の概況が明らかとなった。これらは、あらゆる分類群で二〜三割もの生物種が絶滅に瀕していることを示していた。こうしたことは未曾有の出来事であり、これが種の保存法成立への科学的な裏付けとなった。

地球規模のレッドリストは、世界最大の自然保護機関・ＩＵＣＮ（国際自然保護連合）によって一九六六年に発行されたものが最初だ。以来、なんども版を重ね、最新の二〇〇〇年版では、絶滅に瀕する野生生物種が約一万五千種以上もリストされている。

ところで、このレッドリスト作りがすべて科学者によるボランティア活動であることは、意外と知られていない。種の保存委員会（Species Survival Commission：ＳＳＣ）に参加する約七千名の科学者から提供された、それぞれの分類群や地域に関する情報をもとに、レッドリストは完成されるのだ。ただ、私自身もこのＳＳＣのメンバーとして実感していることだが、分類群や地域によっては、極めて限られた情報しかないためにデータの質に大きな違いが生じてしまう。このこと自体は仕方がないのであるが、レッドリストの客観性や政治的中立性を疑う意見が少なからずあることも事実だ。そこで、レッドリストに数値基準を導入することが議論されてきたわけだが、ついに一九九四年に新基準が策定され、これ以降のレッドリストは新基準をもとに作られることになった。現在、環境省では、ＩＵＣＮの新基準を受けて、わが国のレッドリストの全面的な見直し作業に着手している。

このように、レッドリストとは、常に改良を加えて進化してゆくものなのである。このことは、まさに私たち人間が野生生物のことを理解し尽くせないでいることの裏返しでもある。結局、野生生物を理解するには、永久にモニタリングという形で自然を監視しつづけながら、問題点を改良して行く以外に方法はないということだ。それなのに、これまでわが国では野生生物のモニタリング機関というものが存在しなかった。ようやく、一九九八年に環境庁生物多様性センター（山梨県富士吉田市）が完成し、情報センターとしての機能を整備しつつあり、発展が期待されるところだ。なぜなら、レッドリストをより進化させるためには、このような情報の集積と公開が最も重要となるからである。

■——種の保存法の問題点

さて、ようやくわが国でも野生生物の絶滅を回避させる法制度が整備された。では、これで安心なのだろうか。表7—1を見ていただきたい。現在のところ、わが国のレッドリストに掲載されている絶滅のおそれのある野生生物種は、約二五〇〇種類にのぼる。このうち、種の保存法で指定されている保護対象種（国内希少種指定種）は、五七種類で全体の二・二％に過ぎない。しかも、五七種類のうち三九種類は鳥類に偏っているわけだが、これは種の保存法が制定された際に廃止された「特殊鳥類の譲渡等の規制に関する法律」（日米渡り鳥条約に基づき、指定した種の譲渡等を規制する）の対象種三八種が、自動的にスライドしたためである。つまり、一九九二年に種の保存法が制定されて以降、あらたに対象種に指定されたのは一九種に過ぎないのである。

どんなによい法律ができたところで、運用されなければ何の意味もない。種の保存法は、対象種

表７−１　わが国で確認されている野生生物種数と絶滅のおそれのある種の現状

坂元・羽山(2000)より　2000年１月現在（環境庁資料より作成）

分類群		種　数	RDB 絶滅**	RDB 絶滅危惧	RDB 準絶滅危惧	国内希少種指定種	指定率 (%)***	保護増殖事業計画策定種	生息地等保護区指定地
動物	哺乳類*	188	4	47	16	2	3.2	2	0
	鳥類	665	14	90	16	39	36.8	8	0
	爬虫類	97	0	18	9	1	3.7	0	1
	両生類	64	0	14	5	1	5.3	1	1
	魚類*	200	3	76	12	2	2.3	2	1
	昆虫類	30146	2	38	166	4	2.0	3	1
	十脚甲殻類*	197	0	7	45	0	0	0	0
	貝類*	824	0	73	54	0	0	0	0
	その他の動物	4040	0	7	11	0	0	0	0
植物等	維管束植物	7087	29	1399	108	8	0.5	3	3
	蘚苔類	約1800	0	180	4	0	0	0	0
	藻類	約5500	7	40	24	0	0	0	0
	地衣類	約1000	3	45	17	0	0	0	0
	菌類	約16500	29	62	0	0	0	0	0
	合　計		91	2096	487	57	2.2%	19（33%）	7（12%）

太線で囲った部分は旧カテゴリー

*：海棲生物は除く，**：野生下絶滅を含む，　***：RDB絶滅危惧掲載種に対する国内希少種指定種の割合

に指定した生物種の絶滅を回避するための法律であるから、指定されなければ法律は役に立たない。では、なぜ二五〇〇種類もの野生生物が絶滅に瀕しているのに、種の保存法の対象種に指定されないのであろうか。それは、この法律の持つ構造的な欠陥に大きな原因がある。

ここでは米国の絶滅危惧種法（Endangered Species Act）と対比させながら考えてみよう（図7―3）。もちろん、成り立ちも風土も違う国の法律を単純に比べても意味はない。そこで、種の保存法の構造的な欠陥を改善するヒントとなる部分だけを抽出してみたい。

まず、レッドリストによって絶滅を回避させるべき対象種が明らかになるわけだが、種の保存法ではレッドリストが法律に位置付けられていない。もちろん、審議会はレッドリストの中から緊急性の高いものを指定するように意見を内閣総理大臣に言うわけだが、結局のところ、指定されるかどうかの判断に客観性や透明性はない。

一方、米国絶滅危惧種法は、海棲哺乳類の場合は内務省長官、それ以外の種では商務省長官が指定種の候補種リストを作成することになっている。この候補種リストこそ、レッドリストである。しかし、これだけでは政治的中立性が損なわれる危険がある。そこで、この候補種リストに異議申立てをする権利が私人に保証されているわけだ。これらの候補種リストは公表され、要求があればヒアリングも開催される。そして重要なのは、現在利用可能な最高の科学的かつ商業的データのみに基づいて、一年以内に対象種に指定するかどうかを決定しなければならないということだ。

さらに、ここで特筆すべきことは、米国絶滅危惧種法の対象種は、個体群単位に指定できる点だ。

表7－2　絶滅危惧種に対する法制度の日米比較　2001年1月現在

	絶滅危惧種数		準危惧種数		日本での法律指定種数	回復計画（米国），保護増殖事業計画（日本）樹立種数	
	米国	日本	米国	日本		米国	日本
哺乳類	63	47	9	16	2	47	2
鳥類	78	90	15	16	39	76	8
爬虫類	14	18	22	9	1	30	0
両生類	10	14	8	5	1	11	1

注）米国のリスト種はすべて法律対象種．日本のリスト種は環境省RDB記載種．

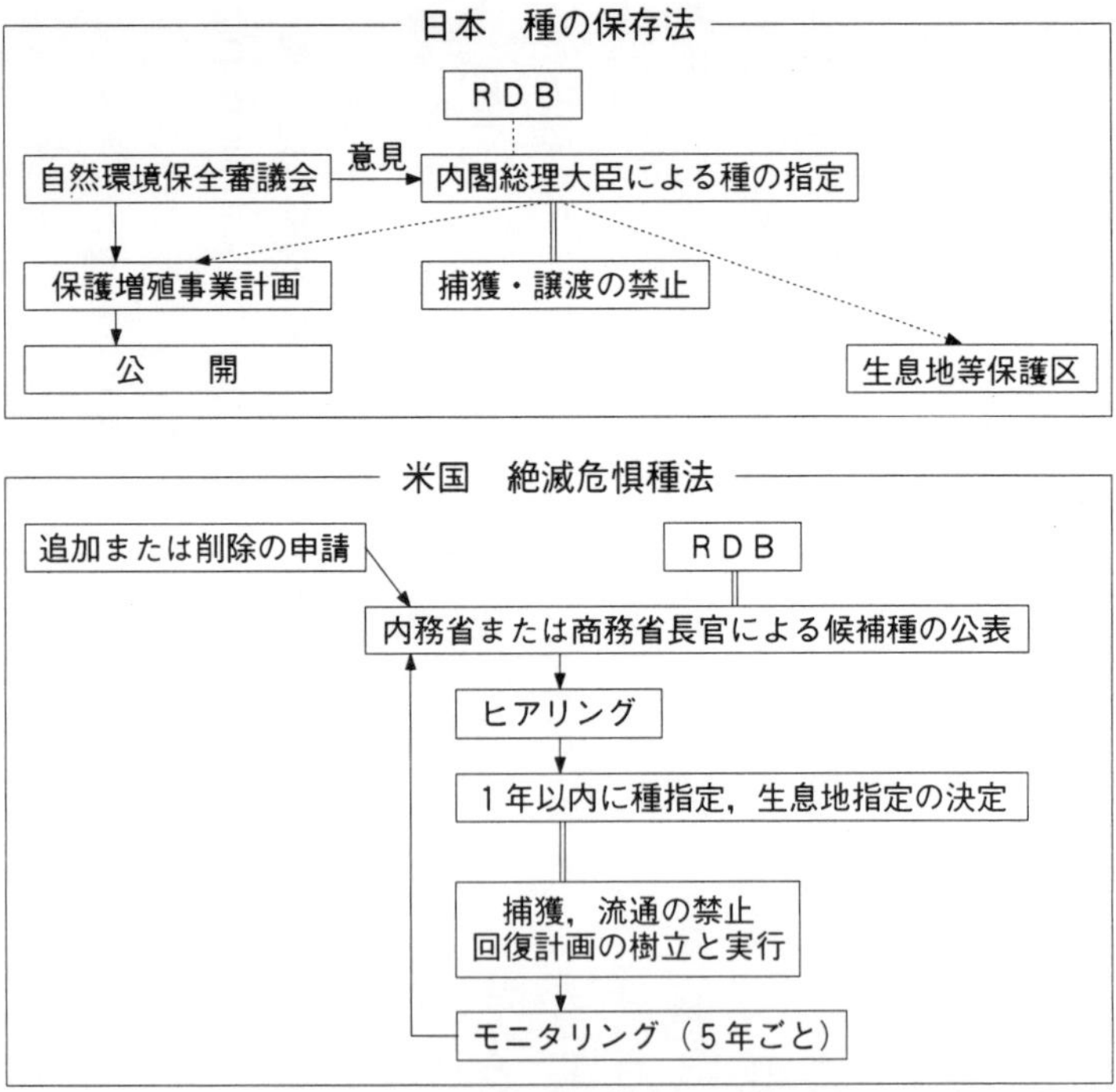

図7－3　日米における絶滅危惧種の保護法制度の比較

わが国の種の保存法では、ワシントン条約に対応した国際希少種は個体群単位で指定しているにもかかわらず、なぜか国内希少種は種の単位でしか指定されない。種の絶滅は個体群の絶滅の積み重ねで起こる。種の絶滅を回避する上でも、さらに地域の生物の多様性を保全するためにも、個体群単位での絶滅の回避が当然必要なのである。

この点については、法律の改正が期待されるが、一方で、現在多くの自治体が地域のレッドリスト作りを行っている。広島県や埼玉県などでは、これをもとに条例をつくって地域の野生生物を絶滅から救う努力が始まっている。こうした取り組みが広がってゆくと、個体群の絶滅にも歯止めはかけられるかもしれない。また、絶滅危惧種が多数生息する奄美大島の鹿児島県大和村は、環境省のレッドリストに記載されている動物種のすべてを保護対象にする条例を制定した（大和村における野生生物の保護に関する条例、二〇〇一年六月二二日施行）。この条例によって、村内に生息するすべての絶滅危惧種の殺傷、捕獲、採集が禁止される。罰則はないものの、レッドリストに記載された野生生物はすべて保護されるべきものであるという当たり前のことが、この小さな村からわが国で初めて宣言されたことに、喝采を送りたいと思う。

さて、米国でも一朝一夕にこの仕組みができたわけではないし、またすべてが理想的に運用されているわけでもない。実際、この法律ができた一九六六年から十年以上たっても、候補種にリストされながら対象種に指定されない野生生物は、四〇〇〇種にのぼった。また、レーガン政権の時代には約二〇〇〇種の候補種リストが撤回されたこともあった。それでも、科学的で民主的な手続きを確立しようとしてきたことは見習うべきものがある。そして、現在、一八三二種（うち国内種は一二四四種）が指定されている現実は、わが国の状況とはかけ離れている。

もう一つ、日米の法律で際立った違いがある。それは、米国絶滅危惧種法で政府に義務付けられた「回復計画」の樹立と実行である。わが国の種の保存法でも、必要があれば関係省庁と協議して「保護増殖事業計画」を立てることができる。しかし、任意の制度でもあり、実際、指定対象種五七種の内、この計画が樹立されたのは一九種に過ぎない。

最近、これに関連して象徴的な出来事があった。一九九九年に記者会見に臨んだクリントン大統領は、米国の国鳥・ハクトウワシを絶滅危惧種法の対象種から削除すると宣言した。最初にこの報道を耳にしたとき、環境派と言われていた大統領がなんという政策の後退を選択したものかと驚いたが、事実は全く逆であった。一九六三年にわずか四一七つがいにまで激減したのが、五七四八つがいにまで回復したというのだ。米国絶滅危惧種法の回復計画は、単に絶滅からの回避に止まらず、絶滅のおそれのない状態への回復をゴールにしたものである。当然、それが功を奏したのであれば、対象種から削除すべきなのである。大統領の記者会見は、ハクトウワシがこの法律で指定されて以来約三十年で絶滅の危機から脱して、健全な状態に回復したことを宣言するものだったのだ。

現在、米国絶滅危惧種法の指定対象種九四七種の回復計画は、インターネットを通じて誰でも見ることができる。種類によって内容は千差万別であるが、それでもわが国の保護増殖事業計画に比べて、詳細かつ具体的なものが多い。しかも、これらの回復計画の事業内容は、二年ごとに見直すことになっている。そして、科学的なモニタリングによって、五年ごとに指定対象種の状況を評価して、回復できたと判断された場合には、指定対象種から削除される仕組みだ。（注3）

結局のところ、日本の種の保存法は、トキ状態に近付かないかぎり、保護されないと言って過言ではない。これでは、絶滅の阻止が精一杯のところで、レッドリストからの削除という回復をゴールにした取り組みには程遠い。しかし、一方で、生息地の管理権や計画権をほとんど持たない日本の環境行政が、米国のように強権発動や予算を行使しての保護政策を真似しようにもできるわけがない。むしろ、土地の所有者や管理権者、NGOさらには関係省庁との妥協と協力関係を制度化するような「日本型の回復計画」を創設することが、一番現実的なのではないだろうか。

■――コウノトリの野生復帰

トキの雛が誕生したことによって、わが国の空に再びトキの舞う日が来る可能性が出て来た。もちろん、これからが試練の始まりと言ってもよいかもしれないが、実は、すでにトキの先例となる動物が日本にもいる。それは、トキより一〇年前に野生下で絶滅したニホンコウノトリである。

コウノトリは、かつての日本ではそれほど珍しい鳥ではなく、江戸市中の風景画などにもよく描かれている。ところが、ほかの野生動物と同様に、明治以降の乱獲で激減していった。第二次世界大戦ごろには、営巣に適した松の伐採等も進み、また戦後にはトキと同じような理由で絶滅に追いやられていった。

ただし、トキとの決定的な違いは、中国やロシアに比較的健全な繁殖集団が残っていて、飼育下繁殖の集団を早期に作れたことだろう。コウノトリも大陸と日本とを渡る集団がいる。現在、国内で飼育されている二羽の野生個体も、国内で繁殖していたわけではなく、たまたま渡ってきたところを捕獲されたものだ。一九八四年に東京都立多摩動物公園で初めて飼育下での繁殖に成功し、翌年には国内最後の繁殖地である兵庫県豊岡市のコウノトリ保護増殖センターでも雛が誕生した。その後、次々に繁殖に成功して個体数が増え、現在では国内の動物園一四園を含め約一四〇羽が飼育されている。

今後、コウノトリを野生復帰させるためには、自然に近い環境での繁殖を成功させたり、またドジョウなどの餌の捕り方など生きてゆくすべを教えるリハビリテーションが必要となる。そこで、兵庫県は豊岡市や国（文化庁・特別天然記念物であるため）と協力して、一九九九年にコウノトリの郷公園（増井光子園長）を完成させた。これは、農地や雑木林など約一六五ヘクタールの用地を買いとって、繁殖やリハビリテーションのためのケージや湿地などを配置し、また検疫や治療のための病院や県立大学の一部門を常駐させた研究棟などもある、わが国で初めての本格的な野生復帰専門施設である（図7—4）。

しかし、このような取り組みに批判的な意見もある。まず、こんな試みが本当に成功するのかというものだ。確かに、飼育下繁殖の集団を野生復帰させた成功例は、これまでに世界で一六例しか

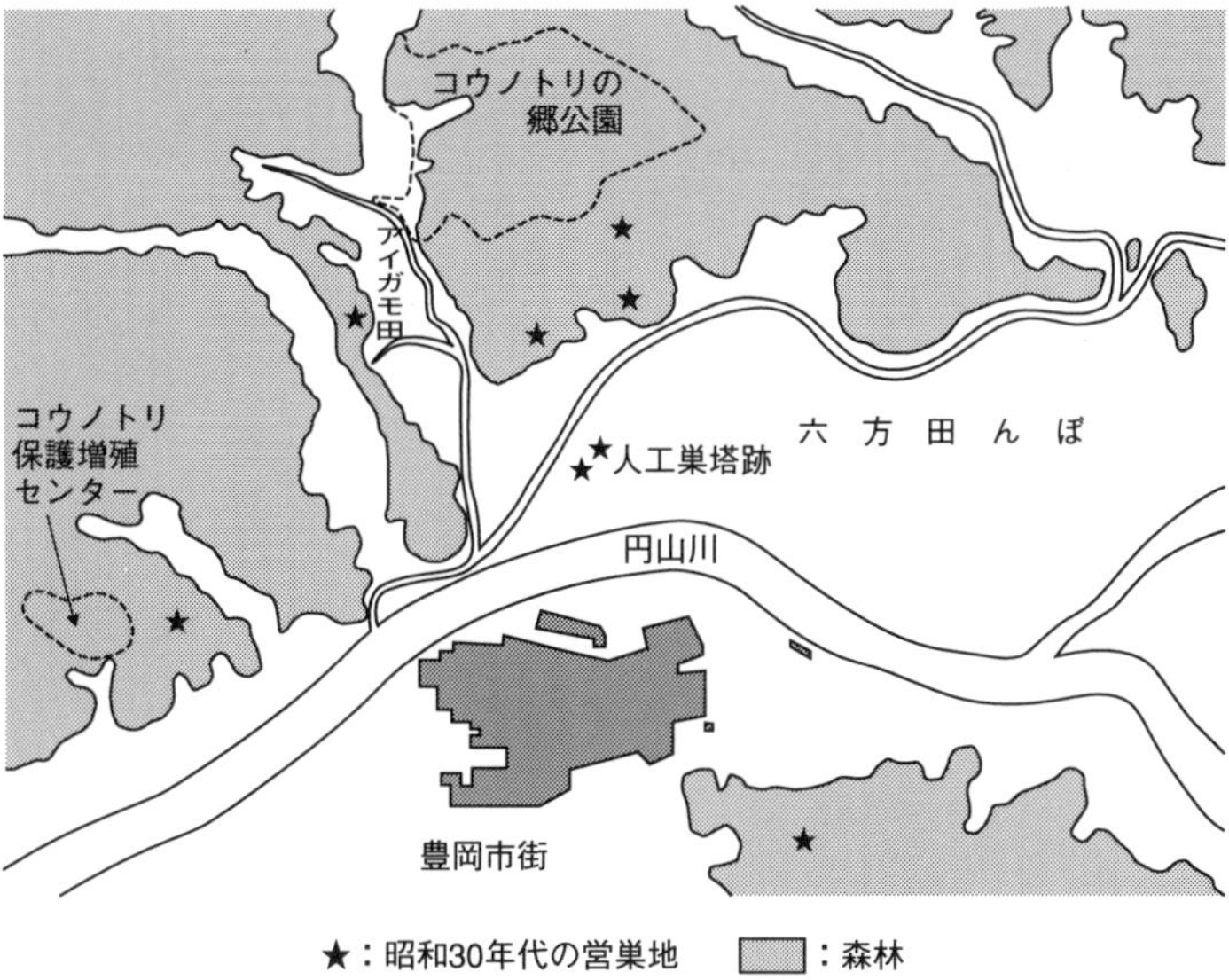

図7－4　豊岡盆地とコウノトリの郷公園
（コウノトリエコミュージアム「こだわりMAP 2000」より作図）

ないと言われている。しかも、最後の繁殖地であるこの豊岡でコウノトリが絶滅してから、すでに三十年も経過していて、生息環境も人間の営みも大きく変貌してしまっている。

実は、豊岡で最後までコウノトリが生き残れたのにはわけがある。豊岡盆地を貫く円山川は、古くから氾濫することで有名だった。おかげで、盆地の大半は湿地帯で、田んぼにしかならなかったという。事実、河川改修や乾田化が始まるまではぬかるみがひどく、田んぼの中に櫓《やぐら》を組んでそれを足場に田植えをしていた。逆に、こうした湿地環境が近年まで維持されていたことが、コウノトリには幸いしたのだろう。一方で、今後コウノトリが野生復帰をするには、こうした環境を再び作り出さなければならない。はたしてそんなことが可能だろうかという疑念はもっともである。

　また、別の批判として、コウノトリというたった一種類の野生動物を復活させるために、数十億円という巨額の税金を使う意味があるのか、あるいは、すでに絶滅してしまったものに多額の投資をするより、多くの絶滅に瀕している野生動物の保護対策にそれを使った方がよいのではないか、という意見などだ。実は、私自身も最近までそう思っていた。ところが、たまたま縁あって、一九九九年から始まったコウノトリ野生化対策の検討委員を拝命したことから、私も現場を歩き、また関係者や地元の方々と議論するうちに、少しずつ考えが変わっていった。

　そもそもコウノトリが乱獲されていった背景には、この鳥が稲作農家にとっては害鳥だったこともあった。コウノトリがドジョウや小魚を探すうちに、せっかく田植えした苗を倒してしまうからだ。実際、豊岡の六十代以上の方々は、子どものころにはコウノトリに石を投げていた記憶があるという。さらに、野生のコウノトリを養うためには、田んぼや小川に十分な餌となる生物が生きていなければならない。当然、農薬を多量に使うことなどできなくなる。農業用水路も生き物が棲めるように変えなければならない。これは現在の農法を根底から覆すことになる。だから、いくらコウノトリを野生化させようにも、地域の方々がそう簡単には受け入れてくれるとは私には思えなかったのだ。

■──豊岡での多様な取り組み

ところが、地域の方々の中から思わぬ動きが出て来た。単にコウノトリを守ろうということではなく、コウノトリが空を舞っていたかつての豊かな環境を取り戻そうという運動である。こうした発想は、よく考えれば至極当然の流れから出てくるものなのだろう。むしろ、私のように野生動物のことばかり考えていると、「コウノトリ＝害鳥＝野生復帰は無理」という先入観に頭が侵されてしまうのかもしれない。とにかく、市民の中に「コウノトリ応援団」とか「コウノトリ市民研究所」といった団体ができて、多様な活動が始まったのだ。

コウノトリ市民研究所の活動の中でユニークなのは、子どもたちと一緒になって地域の生き物地図を作ったことである（注4）。これをみると、まだまだたくさんの生き物がこの地域に息づいていることがわかり、豊岡の自然の豊かさを再発見するきっかけとなっている。また、コウノトリの郷公園研究部でも、月一回、研究室を市民に開放した「田園生態ゼミナール」を開催している。専門の研究者と市民がこの地域の人の生業と自然の営みのかかわりをいっしょになって研究するというのは、極めてユニークである。大学の一部門を地域に常駐させるという試みが、成功の鍵になっているのかもしれない。

さらに、かつてコウノトリを害鳥と見なしていたはずの農業者の動きも出て来た。野生化が始まれば、農薬をなるべく使わない農法が期待される。コウノトリの郷公園に近い地区では、無農薬野

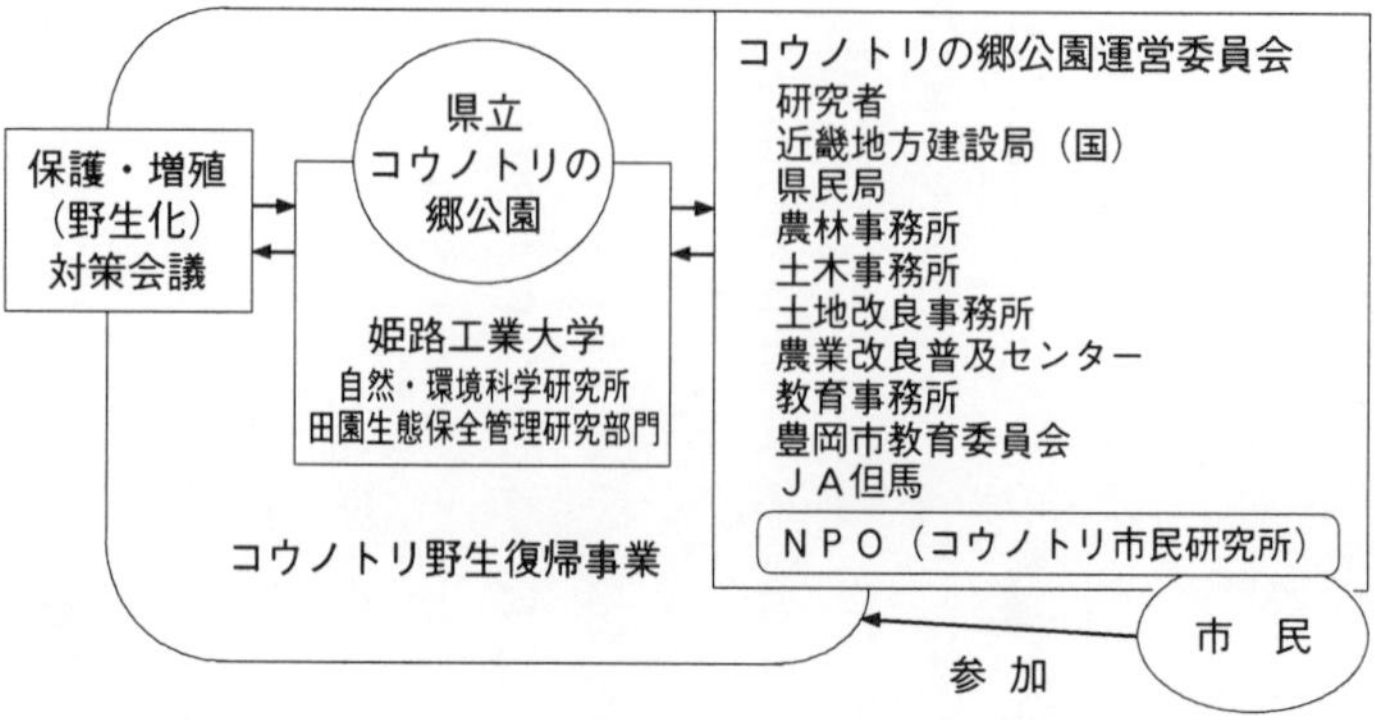

図７－５　兵庫県におけるコウノトリ野生復帰事業の取り組み

菜の栽培と朝市が始まった。また、アイガモ農法による米作りで産直に取り組むグループも出てきた。一九九五年に二〇アールから始まり、現在では一一戸約七ヘクタールにまで広がってきている。無農薬にしたことで収穫が約三割減るが、この減収分を補うだけの付加価値をもたせるのが今後の課題となっている。

多様な活動が出て来たことは好ましいが、個別にやるだけでは効果が薄い。また、土地利用や農林業政策の転換も視野に入れるとなると、国、県、市などの行政機関をも巻き込んだ取り組みが必要である。そこで、こうした行政機関に、市民団体や農協などの代表を交えたコウノトリの郷公園運営委員会が二〇〇〇年から組織された（図7―5）。コウノトリの生息地を回復させるには、河川環境の整備や保全が欠かせないが、建設省（現・国土交通省）の地方事務所や県土木事務所の担当者の参加を得たことは心強い。

生息地を回復させるための議論の焦点は、二つある。まず、コウノトリと農業をどのように共存させるかだ。今のところ、実際の野生復帰は十年後くらいを目標と定めている。しかし、そんな短期間でこの地域一帯の水田をコウノトリが暮らせるように改良するのは不可能だろう。また、かつての害鳥意識が完全になくなっているわけでもない。そこで提案されたのが、休耕田の有効活用である。現在、豊岡での減反率は三七%にのぼる。これらは奨励金などで大豆や家畜飼料などの栽培が進められているが、この政策をコウノトリのために転換して、水を入れるなどして湿地環境を回復させられないかというものだ。コウノトリの棲みやすい環境を農家自身がつくることで、農家も潤うという政策である。やはり、野生動物の保護を進めるには、農家に我慢を強いることは認められないし、少しはメリットになることを考えた方がよいからだ。

　もう一つは、河川敷の有効活用である。かつてのコウノトリの餌場であった円山川の河川敷は、堤防と護岸工事によって湿地環境が失われてしまった。水田環境を急に変えられないとすれば、この河川敷の自然を回復させることでコウノトリの餌場を確保できないかというものだ。一方で、河川管理の立場から見ると、現在の円山川は上流からの土砂が堆積して川幅を狭くし、洪水の危険も出て来ている。これまでなら、川底などの浚渫《しゅんせつ》や堆積した土砂の掘削などによって対応して来たのだろうが、それでは生き物の立場からはメリットがない。そこで注目されたのが、高水敷掘削と呼ばれる多自然型工法での河川改修の取り組みだ。

　この工法は、土砂が堆積して掘削が必要となった河川敷の部分の表土を一五センチほど剝ぎ取って保存しておき、あとは川の水位の高さまでその部分を掘削して、そこに保存しておいた表土を埋め戻すというものだ。実際、二カ所の河川敷で実施されたが、半年ほどで湿地環境が回復を始め、水鳥たちの餌場になっている。

■——破壊から保護の時代へ

これまで見てきたように、それぞれの取り組みは、コウノトリの野生復帰を目指したものではあるが、人々を突き動かしている原動力は、野生復帰よりもむしろコウノトリとともに失ってしまった何かを取り戻したいという欲求なのではないかと思える。「コウノトリの野生復帰」というキーワードが与えられたことで、これほど多様な人たちの多様な活動が起こり始めようとは、私には想像できなかったし、大きな発見でもあった。膨大な数の野生生物の名が書かれているレッドリストを見るにつけ、絶望的な気持ちになるが、私たちが失いつつあるのは、それぞれの生き物だけではないことに気付くべきだったのかもしれない。わが国の多くの絶滅に瀕した野生生物は、それぞれの地域でその人の営みとかかわりつづけた歴史を持っていたのである。

さらに、豊岡で発見したことは、コウノトリの野生復帰の取り組みが、コウノトリだけではなく、多くの野生生物のためにもなるということだ。コウノトリというたった一種類の野生動物を野生復帰させるためには、ありのままの自然をまるごと回復させることがゴールとなるわけだから、結局、そこには多様な生き物が暮らせる環境を取り戻すことにもなるのである。このように、絶滅危惧種の回復という作業は、一面では絶滅危惧種をシンボルにした、ありのままの自然の回復事業と言い換えてもよいだろう。

豊岡で学んだことで最後に指摘しておきたいのは、自然を回復させることはビジネスになるということだ。かつて列島改造の時代には、ある開発の現場で、開発を推進する地元の人々が自然保護団体に対して立てたプラカードに「死膳（自然）で飯は食えない」というのがあった。確かに自然や野生動物を守ったところで多くの人は食えなかったのである。もちろん、今でもそれほど状況は変わってはいない。

ただ、これはよく考えると、開発をすればするほど、自然を破壊すればするほど食えるような政策があったという事実の裏返しに過ぎない。公共事業に対する風当たりが強くなってきているが、こうした政策が続けば工事自体が目的となるようなことが起こるのは当然であろう。ここで公共事業をすべて否定するつもりはないが、これからは自然や絶滅危惧種を回復させることも公共事業に位置付けるべきだ。

ただし、自然を回復させるための工事をたくさんやればよいという意味ではない。自然を回復させるために必要なのは、地域に根ざす担い手である。担い手のいないところでいくら公共投資をしても仕方がない。二一世紀を迎えて環境の時代と言いながら、今のままでは、これからも都市の膨張に歯止めは掛からず、自然の残された地域は高齢化過疎化で疲弊していくだろう。こうした地域で自然を守っても食えなければ、自然を切り売りするか放置するしかないのが実情だ。

これまで何度も指摘したように、もはや日本の自然は放置するだけでは生物の多様性を維持することはできない。公共の財産である自然を守る担い手に、国民は管理費を支払う時代に突入したことを理解しなければならない。自然を守ることに情熱をもった若い人材は数多くいるのだが、食えなければ地域の担い手になるのは難しい。今必要な政策は、地域の担い手がビジネスとして自然を守れるようにすることなのである。

豊岡でのコウノトリの野生復帰では、従来の開発の発想が逆転し始めている。つまり、これまで述べてきたように、コウノトリが棲みやすい環境を作れば作るほど食える仕組みが提案されている。自然を回復させることで地域の人たちが経済的にも潤うなら、公共投資として誰も不満はあるまい。要するに、これまではお金の使い方が間違っていただけなのである。実に単純で簡単なことではないか。

わが国で初めて絶滅種の復活を目指して始まったコウノトリの野生復帰事業は、これから越えなければならないいくつもの大きなハードルがあるにせよ、大きな時代の転換を象徴しているように思える。コウノトリの郷公園研究部長の池田啓さんは、来園者のことを「歴史の目撃者」と呼んでいる。環境破壊の時代から環境保護の時代へと歴史が転換しているその現場として、このコウノトリの郷公園を位置付けているからだろう。池田さんはさらに「目撃者」から「参加者」になって欲しいと願っている。(注5)

私なりに解釈すれば、これはなにもコウノトリの野生復帰だけのことではない。ここ数年でほとんどの自治体ではレッドリストが公開される予定だ。だれもが自分の故郷の野生生物が置かれている現状を知ることができる。そしてどこにでも、コウノトリと同じ立場にある生き物がいることに気付くはずだ。もし、あなたがそんな生き物と出会ったら、どうするだろうか。「参加者」になる資格などはいらない。現に、トキやコウノトリを絶滅から最初に救おうとしたのは、地域に暮らす人たちだった。あなたが「目撃者」から「参加者」になる時、ありのままの自然を取り戻す第一歩が始まる。

（注1）トキの絶滅に関しては、小林照幸（1998）『朱鷺の遺言』、中央公論社、に詳しい。
（注2）コリン・タッジ（1996）『動物たちの箱舟―動物園と種の保存』、朝日新聞社
（注3）米国絶滅危惧種法の詳細については、以下を参照されたい。
ダニエル・J・ロルフ（1997）『米国・種の保存法概説』（関根孝道訳）信山社出版
畠山武道（1992）『アメリカの環境保護法』、北海道大学図書刊行会
（注4）コウノトリ市民研究所（2000）『豊岡盆地の生き物地図・1999』
（注5）コウノトリの野生復帰事業に関する詳細は、以下の論文を参照されたい。
池田啓（2000）「コウノトリを復活させる」、『遺伝』、54（11）、56―62
池田啓（2000）「コウノトリの野生復帰を目指して」、『科学』、70（7）、569―578
村田浩一（1999）「コウノトリ野生復帰のための諸課題―住民との協力関係ほか―」、『日本野生動物医学会雑誌』、4（1）、17―25

あとがき

今から二十年ほど前、ゼニガタアザラシの調査に出かけた現場で、ある漁師さんから「アザラシと俺たちの生活とどっちが大事なんだ！」と怒鳴られた。当時、このアザラシは絶滅寸前の状態であるにもかかわらず、まったく保護の対策は取られていなかった。しかも、国の天然記念物への指定が答申されていながら、漁業被害があることで地元の反対が根強く、十年も棚上げの状態が続いていた。ところがこの間、行政による漁業被害の実態調査すら行われてこなかったのである。このアザラシを絶滅から救うには、まず漁業被害の調査をしようということで、研究者と学生によるボランティア調査が始まった。私はまだ学部生で、現場の状況もわからずに調査に参加したのだが、初っぱなから罵声の洗礼を受けたわけだ。

実は、そのとき怒鳴られても、私は何も言い返すことができなかった。内心では「アザラシも人も大事にできる方法があるはずだ」と思いつつ、それにはどうすれば良いのか、それが今できないのだとすると何が間違っているのか、私はその答えを知らなかった。これが私にとっての、野生動物問題の原点である。

以来、その答えを探すために、日本各地で起こっている野生動物問題とかかわることになった。ところが、野生動物問題と一口に言っても、広範で複雑な問題を含んでおり、しかも年を追うごとに多様化しているように思える。今や、メディアに野生動物問題が載らない日はない状況となっている。しかし、このところ環境問題に世の中の関心が高まったとはいえ、そのなかの重要なジャンルである野生動物問題に対しては、理解が十分とは言えない。そろそろこの問題群を私たちの社会の病理現象として捉えて、解決に向けた科学的な取り組みをすべきときに来ている。この認識が、本書を著そうと思った動機である。

本書の各章で明らかにしたように、さまざまな野生動物問題は、私たちの社会のシステムが自然の営みのシステムとは大きくかけ離れているために起こる、構造的な問題の表現形と言える。さらに、私たち人間がとくに大型の野生動物に感情を移入しやすいという現象が、この問題をさらに複雑にしている。いずれにせよ、問われているのは野生動物ではなく、私たち自身の社会なのである。

このような構造的な問題は、環境問題一般について言えることだが、自然のシステムが私たち人間のそれに合わせることができない以上、結局、私たちの社会のありようを変えるほかない。そのヒントは、それぞれの野生動物問題の解決への道すじで見つけることができるだろう。

ただし、こうした問題の解決には、地域住民の理解と行動が不可欠である。この結論は、本書の「はじめに」で、野生動物問題とは特定の地域や一部の関係者だけがかかわるべき問題ではなく、社会全体が解決を目指して取り組むべき政策課題である、と指摘したこととは矛盾するように思われるかもしれない。私が言いたいのは、従来の問題ではその解決の責任を地域住民にだけ押し付けてきたことが間違っていて、その一方で問題解決には社会の変革とともに地域住民の主体的なかかわりが欠かせないということだ。

先日、何年ぶりかで北海道のえりも町を訪れた。アザラシと地域の将来を考えるフォーラムが開かれ、パネラーとして招待されたからだ。このフォーラムの主催団体は、えりもシール・クラブ（石川昭会長）という地元の漁師さんを中心に旅館の主人、牧場主、主婦など多彩な人たちが集うグループだ。アザラシの被害者である漁師さんが、アザラシとの共存・共栄を考える会をつくったというだけでも驚きだったのに、今回のフォーラムはこのグループの創立十周年記念事業だというのだから絶賛に値するものだ。

このグループは、これまでにアザラシと人間とのかかわりについてわかりやすく解説した小冊子を出版して町の全戸に配布したり、アザラシの漁業被害の実態や被害防止対策の研究、さらにはアザラシの生態調査まで、地域に根ざした活動を行ってきた。こうしたユニークな活動によって朝日新聞・海の環境賞などを受賞し、マスコミでもずいぶん取り上げられている。

冒頭で紹介した二十年前には夢でしかなかったことだが、今こうして地域の人たちがアザラシ問題を自らの生活の一部として向き合うことで、問題解決を目指して模索している。しかも、その取り組みを広く発信する初めての試みが今回のフォーラムだった。会場には北海道外からも参加者があり、沖縄からはジュゴンの保護グループも駆けつけてくれた。

ただ、実は問題は何も解決していない。アザラシは徐々に個体数を回復させてはいるが、いまだに絶滅危惧種のままだ。一方で漁業被害は相変わらずだが、その対策に国も北海道も乗り出そうという気配はない。襟裳岬の観光資源としてアザラシが目玉になってきたとはいえ、その利益が漁師さんへ還元される仕組みはまだ出来ていない。

しかし、私は今回えりもの人たちと話をしてみて、ここではアザラシ問題が解決できると確信した。それは、今の状況を自ら変えようというエネルギーを感じたからである。地域住民に主体性があれば、あとは社会のシステムを変えればよいだけだ。冒頭の漁師さんから突きつけられた難問に答えを出せる日は、着実に近付いている。

さて、最後に本書のタイトルにかかわる話を少し付け加えておきたい。原稿を半ばまで書き終えたところ、本書のタイトルを考えていて「野生動物問題」というのをふと思いついた。いささか聞きなれない言葉でも、本書の内容を表すにはうってつけと、ひとり悦に入っていた。

ところが、その直後に共同研究者の坂元雅行弁護士から英国ロンドンの書店で見つけたという本を紹介されて驚いた。その名も「野生動物問題」（原題：Wildlife Issues in a changing world. 2nd ed., 1998, M.P.Moulton & J.Sanderson, Saint Lucie Pr.）であったのだ。この本は、一九八七年に開講された米国フロリダ大学での同名の講義用に教科書として書かれたもので、現在この講義には年間三千名の受講者がいるという。

この本の存在によって、彼の国の野生動物問題に対する関心の高さに驚くとともに、わが国で私たち野生動物問題の研究者が果たさなければならない大きな役割を思い知らされた。

本書は、雑誌「畜産の研究」(発行・養賢堂)誌上で一三回にわたって連載した「野生動物と人間の関係調整学」(二〇〇〇年四月号〜二〇〇一年四月号)をもとに、改稿したものである。連載のきっかけをつくっていただいた日本獣医畜産大学の松木洋一教授、連載中お世話になった株式会社養賢堂・編集部の加藤仁さん、さらに単行本化にあたってご配慮頂いた同社の及川清社長には感謝の意を表したい。

調査や資料提供など、本書の執筆にあたっては、ここで書ききれないほど多くの方々のお世話になった。とくに、文化庁の花井正光専門官は、多くの文献を紹介してくださった上に、その解釈について貴重な御助言をいただいた。また、東京農工大学の古林賢恒助教授には、山の歩き方から始まり自然の見方など多くのことを現場で教えていただいた。その上、本書で取り上げたテーマについて飽きることなく議論にお付き合いくださり、多くの示唆もいただいた。心よりお礼を申し上げたい。

さらに、学問的な刺激と示唆をいただいた日本哺乳類学会海獣談話会(代表・和田一雄元東京農工大学教授)の先生方、雑誌「環境と公害」(発行・岩波書店)の編集会議である公害研究委員会(代表・宮本憲一滋賀大学学長、原田正純熊本学園大学教授、淡路剛久立教大学教授）の先生方、ならびに特定非営利活動法人・野生生物保全論研究会（会長・小原秀雄女子栄養大学名誉教授）の先生方には感謝の意を表したい。これらの研究会では、環境にかかわる問題解決に学際的研究がいかに重要であるのかを学び、研究者としての生き方を決定付けるほどの影響を受けた。

最後に、本書の出版にあたり、地人書館の内田健さんには大変お世話になった。心よりお礼申し上げたい。

【た行】

【な行】

【さ行】

索　引

野生動物問題

2001年07月15日　初版第1刷
2008年07月01日　　　第4刷

著　者　羽山　伸一
発行者　上條　　宰
発行所　株式会社　**地人書館**
〒162-0835　東京都新宿区中町15番地
電話　03-3235-4422
FAX　03-3235-8984
郵便振替　00160-6-1532
URL　http://www.chijinshokan.co.jp
E-mail　chijinshokan@nifty.com

印刷所　平河工業社
製本所　カナメブックス

ISBN978-4-8052-0689-8 C3045

ムササビの里親ひきうけます

藤丸京子著／四六判／160頁／本体1200円

巣から落ちた野鳥のヒナ，病気やケガや迷子などで保護された野生動物を「傷病鳥獣」と言います。本書は，ただ動物が好きという理由で傷病鳥獣の保護ボランティアになった著者が，ムクドリやムササビの里親となって奮闘し,「野生動物とのつきあい方」について考えていくようすを描きます。

クゥとサルが鳴くとき

松岡史朗著／Ａ５判／240頁／本体2200円

「世界最北限のサル」の生息地・青森県下北郡脇野沢村に移り住み，野生ザルの撮影・観察をライフワークとする著者が，豊富な写真と温かい文章で群れ社会のドラマを描く．サルの世界の子育てや介護，ハナレザル，障害をもつサルの生き方など，新しいニホンザル像が見えてくる．

コウノトリの贈り物

鷲谷いづみ編／四六判／264頁／本体1800円

環境負荷の少ない農業への転換を地域コミュニティーの維持や再生と結びつけて進めることは，持続可能な地域社会の構築にとって，今最も重要な課題である．コウノトリを野生復帰させ共に暮らすまちづくりを進める豊岡市，大崎市・蕪栗沼での生き物たちと共存する農業など，各地の先進的事例を紹介する．

サクラソウの目

鷲谷いづみ著／四六判／240頁／本体2000円

植物版レッドリストに絶滅危惧種として掲げられているサクラソウを主人公に，野草の暮らしぶりや虫や鳥とのつながりを生き生きと描き出し，野の花の窮状とそれらを絶滅から救い出すための方法を考える．保全生態学の入門書として最適．

上記の本体価格には消費税は含まれておりません．